电气工程自动化与电力技术应用

燕宝峰　王来印　张　斌　著

中国原子能出版社

图书在版编目（CIP）数据

电气工程自动化与电力技术应用 / 燕宝峰，王来印，张斌著. -- 北京 : 中国原子能出版社，2020.6（2023.4重印）
ISBN 978-7-5221-0609-0

Ⅰ. ①电… Ⅱ. ①燕… ②王… ③张… Ⅲ. ①电气化一自动化技术②电力工程 Ⅳ. ①TM92②TM7

中国版本图书馆CIP数据核字(2020)第100394号

电气工程自动化与电力技术应用

出版发行	中国原子能出版社（北京市海淀区阜成路43号 100048）
责任编辑	杨晓宇
责任印刷	潘玉玲
印　　刷	河北文盛印刷有限公司
经　　销	全国新华书店
开　　本	787 毫米 * 1092 毫米　1/16
印　　张	7.75
字　　数	130 千字
版　　次	2020 年 6 月第 1 版
印　　次	2023 年 4 月第 2 次印刷
标准书号	ISBN 978-7-5221-0609-0
定　　价	45.00 元

网址：http//www.aep.com.cn　　E-mail:atomep123@126.com
发行电话：010-68452845

前 言

随着国家电力企业的发展，电气工程的建设受到广泛重视。为了实现电力系统正常运行，减轻运行负荷，可采用电气工程自动化技术。然而，目前一些电气工程中，还存在一些自动化控制问题，无法提升其工作质量与水平，难以达到预期的管理水平。因此，在我国电气工程中，相关技术人员需要科学应用自动化技术，提升电力系统的水平，发挥自动化技术的应用作用。

本书注重基础理论的系统性、实用性和先进性，在叙述上做到深入浅出，内容编排上做到重点突出，实践性强。具体包括以下内容：电气主接线、电气设备的选择、电力系统自动化技术、变电站和配电网自动化、火力发电厂全面性热力系统、热力发电厂热经济性、发电厂电气设备二次回路、发电机-变压器组继电保护、发电厂自动装置、变电设备故障检测、输电线路的常见故障。

本书适合对电气工程自动化和电力技术感兴趣，想对电气工程自动化和电力技术有所了解的读者，同时也可作为电气工程自动化和电力技术的资料用书。

由于笔者水平有限，书中难免有不足和错漏之处，敬请批评指正。

目　录

第一章　电气主接线

本章介绍电气主接线的基本要求、基本接线形式、特点及其适用范围，并对主变压器的选择、限制短路电流的措施进行分析；介绍互感器和避雷器在主接线中的配置，以便更全面地了解主接线；最后，综合阐述各种类型发电厂和变电所主接线的特点和主接线设计的一般原则、步骤、方法。

第一节　对电气主接线的基本要求

电气主接线是发电厂和变电所电气部分的主体，它反映各设备的作用、连接方式和回路间的相互关系。所以，它的设计直接关系到全厂（所）电气设备的选择、配电装置的布置，继电保护、自动装置和控制方式的确定，对电力系统的安全、经济运行起着决定的作用。

对电气主接线的基本要求，概括地说包括可靠性、灵活性和经济性三个方面。

一、可靠性

对于一般技术系统来说，可靠性是指一个元件、一个系统在规定的时间内及一定条件下完成预定功能的能力。电气主接线属可修复系统，其可靠性用可靠度表示，即主接线无故障工作时间所占的比例。

供电中断不仅给电力系统造成损失，而且给国民经济各部门造成损失，后者往往比前者大几十倍，至于导致人身伤亡、设备损坏、产品报废、城市生活混乱等经济损失和政治影响，更是难以估量。因此，供电可靠性是电力生产和分配的首要要求，电气主接线必须满足这一要求。主接线的可靠性可以定性分析，也可以定量计算。因设备检修或事故被迫中断供电的机会越少、影响范围越小、停电时间越短，表明主接线的可靠性越高。

显然，对发电厂、变电所主接线可靠性的要求程度，与其在电力系统中的地位和作用有关，而地位和作用则是由其容量、电压等级、负荷大小和类别等因素决定的。

目前，我国机组按单机容量大小分类如下：50 MW 以下机组为小型机组；50~200 MW 机组为中型机组；200 MW 以上机组为大型机组。电厂按总容量及单机容量大小分类如下：总容量 200 MW 以下，单机容量 50 MW 以下为小型发电厂；总容量 200~1000 MW，单机容量 50~200 MW 为中型发电厂；总容量 1000 MW 及以上，单机容量 200 MW 以上为大型发电厂。

（一）主接线可靠性的具体要求

1. 断路器检修时，不宜影响对系统的供电。

2. 断路器或母线故障，以及母线或母线隔离开关检修时，应尽量减少停运出线的回路数和停运时间，并保证对一、二级负荷的供电。

3. 尽量避免发电厂或变电所全部停运的可能性。

4. 对装有大型机组的发电厂及超高压变电所，应满足可靠性的特殊要求。

（二）单机容量为 300 MW 及以上的发电厂主接线可靠性的特殊要求

1. 任何断路器检修时，不影响对系统的连续供电。

2. 任何断路器故障或拒动，以及母线故障，不应切除一台以上机组和相应的线路。

3. 任一台断路器检修和另一台断路器故障或拒动相重合，以及母线分段或母联断路器故障或拒动时，一般不应切除两台以上机组和相应的线路。

（三）330 kV、500 kV 变电所主接线可靠性的特殊要求

1. 任何断路器检修时，不影响对系统的连续供电。

2. 除母线分段及母联断路器外，任一台断路器检修和另一台断路器故障或拒动相重合时，不应切除三回以上线路。

二、灵活性

1. 调度灵活，操作方便。应能灵活地投入或切除机组、变压器或线路，灵活

地调配电源和负荷，满足系统在正常、事故、检修及特殊运行方式下的要求。

2. 检修安全。应能方便地停运线路、断路器、母线及其继电保护设备，进行安全检修而不影响系统的正常运行及用户的供电要求。需要注意的是过于简单的接线，可能满足不了运行方式的要求，给运行带来不便，甚至增加不必要的停电次数和时间；而过于复杂的接线，不仅会增加投资，而且会增加操作步骤，给操作带来不便，并增加误操作的概率。

3. 扩建方便。随着电力事业的发展，往往需要对已投运的发电厂（尤其是火电厂）和变电所进行扩建，从发电机、变压器直至馈线数均有扩建的可能。所以，在设计主接线时，应留有余地，应能容易地从初期过渡到最终接线，使在扩建时一、二次设备所需的改造最少。

三、经济性

可靠性和灵活性是主接线设计在技术方面的要求，它与经济性之间往往存在矛盾，即欲使主接线可靠、灵活，将可能导致投资增加。所以，两者必须综合考虑，在满足技术要求的前提下，做到经济合理。

1. 投资省。主接线应简单清晰，以节省断路器、隔离开关等一次设备投资；应适当限制短路电流，以便选择轻型电器设备；对 110 kV 及以下的终端或分支变电所，应推广采用直降式 [110/（6~10）kV] 变电所和质量可靠的简易电器（如熔断器）代替高压断路器的方式；应使控制、保护方式不过于复杂，以利于运行并节省二次设备和电缆的投资。

2. 年运行费小。年运行费包括电能损耗费、折旧费及大修费、日常小修维护费。其中电能损耗主要由变压器引起，因此，要合理地选择主变压器的型式、容量、台数，尽量避免两次变压而增加电能损耗；后两项（大修费、日常小修维护费）取决于工程综合投资。

3. 占地面积小。主接线的设计要为配电装置的布置创造条件，以便节约用地和节省构架、导线、绝缘子及安装费用。在运输条件许可的地方都应采用三相变压器（较三台单相组式变压器占地少、经济性好）。

4. 在可能的情况下，应采取一次设计，分期投资、投产，尽快发挥经济效益。

第二节　电气主接线的基本形式

一、有汇流母线的主接线

主接线的基本形式可分为有汇流母线和无汇流母线两大类，它们又各分为多种不同的接线形式。

有汇流母线的接线形式的基本环节是电源、母线和出线（馈线）。母线是中间环节，其作用是汇集和分配电能，使接线简单清晰，运行、检修灵活方便，进出线可有任意数目，利于安装和扩建，因此适用于进出线较多（一般超过 4 回时）并且有扩建和发展可能的发电厂和变电所。但是，有母线的接线形式使用的开关电器较多，配电装置占地面积较大，投资较大，母线故障或检修时影响范围较大。

（一）单母线接线

只有一组（可以有多段）工作母线的接线称为单母线接线。这种接线的每回进出线都只经过一台断路器并固定接于母线的某一段上。

1. 不分段的单母线接线。

（1）说明：以下几点基本上是各种主接线形式所共有的。

①供电电源在发电厂是发电机或变压器，在变电所是变压器或高压进线。

②任一出线都可以从任一电源获得电能，各出线在母线上的布置应尽可能使负荷均衡分配于母线上，以减小母线中的功率传输。

③每回进出线都装有断路器和隔离开关。由于隔离开关的作用之一是在设备检修时隔离电压，所以，当馈线的用户侧没有电源，且线路较短时，可不设线路隔离开关，但如果线路较长，为防止雷电产生的过电压或用户侧加接临时电源，危及设备或检修人员的安全，也可装设隔离开关；当电源是发电机时，发电机与其出口断路器之间不必设隔离开关（因为断路器的检修必然是在停机状态下进

行），双绕组变压器与其两侧的断路器之间不必设隔离开关（理由类似）。

④断路器有灭弧装置，而隔离开关没有，所以，停送电操作必须严格遵守操作顺序，即隔离开关必须在断路器断开的情况下或等电位情况下（有旁路连接隔离开关的两个触头）才能进行操作。

为防止误操作，除严格执行操作规程外，可在隔离开关和相应的断路器之间加装有电磁闭锁或机械闭锁装置。

⑤接地开关（或称接地刀闸）的作用是在检修时取代安全接地线。当电压为 110 kV 及以上时，断路器两侧隔离开关（高型布置时）或出线隔离开关（中型布置时）应配置接地开关；35 kV 及以上母线，每段母线上亦应配置 1 ~ 2 组接地开关。

（2）优点：不分段单母线接线的优点是简单清晰，设备少，投资小，运行操作方便，有利于扩建和采用成套配电装置。

（3）缺点：不分段单母线接线的缺点是可靠性、灵活性差，具体表现如下。

①任一回路的断路器检修，该回路停电。

②母线或任一母线隔离开关检修，全部停电。

③母线故障，全部停电（全部电源由母线或主变压器继电保护动作跳闸）。

（4）适用范围：不分段单母线接线一般只适用于 6 ~ 220 kV 系统中只有一台发电机或一台主变压器的以下三种情况。

① 6 ~ 10 kV 配电装置，出线回路数不超过 5 回。

② 35 ~ 63 kV 配电装置，出线回路数不超过 3 回。

③ 110 ~ 220 kV 配电装置，出线回路数不超过 2 回。

当采用成套配电装置时，由于它的工作可靠性较高，可用于重要用户（如厂、所用电）。

2. 分段的单母线接线。即用分段断路器 QFd（或分段隔离开关 QSd）将单母线分成几段。

（1）优点：分段的单母线接线与不分段的相比较，提高了可靠性和灵活性，具体表现如下。

①两母线段可并列运行（分断断路器接通），也可分裂运行（分断断路器断开）。

②重要用户可以用双回路接于不同母线段，保证不间断供电。

③任一段母线或母线隔离开关检修，只停该段，其他段可继续供电，减小了停电范围。

④对于用分段断路器 QFd 分段的单母线接线，如果 QFd 在正常运行时接通，当某段母线故障时，继电保护使 QFd 及故障段电源的断路器自动断开，只停该段；如果 QFd 在正常运行时断开，当某段电源回路故障而使其断路器断开时，备用电源自动投入装置使 QFd 自动接通，可保证全部出线继续供电。

⑤对于用分段隔离开关 QSd 分段的单母线接线，当某段母线故障时，全部短时停电，拉开 QSd 后，完好段可恢复供电。

（2）缺点：分段的单母线接线增加了分段设备的投资和占地面积；某段母线故障或检修时，仍有停电问题；某回路的断路器检修，该回路停电；扩建时，需向两端均衡扩建。

（3）适用范围。

①6 ~ 10 kV 配电装置，出线回路数为 6 回及以上时；发电机电压配电装置，每段母线上的发电机容量为 12 MW 及以下时。

② 35 ~ 63 kV 配电装置，出线回路数为 4 ~ 8 回时。

③ 110 ~ 220 kV 配电装置，出线回路数为 3 ~ 4 回时。

多数情形中，分段数与电源数相同。

3. 单母线带旁路母线接线

（1）有专用旁路断路器的分段单母线带旁路母线接线。不分段及分段单母线均有带旁路母线的接线方式。有专用旁路断路器的分段单母线带旁路接线是在分段单母线的基础上增设旁路母线和旁路断路器，每一出线都经过各自的旁路隔离开关接到旁路母线上。电源回路也可接入旁路进、出线均接入旁路的方式称为全旁方式。

旁路母线和旁路断路器的作用是：在检修任一接入旁路的进、出线的断路器时，回路不停电。这也是各种带旁路接线的主要优点。

（2）分段断路器兼作旁路断路器的接线：它是在分段单母线的基础上，增设了旁路母线、隔离开关及各出线的旁路隔离开关。

（3）分段单母线设置旁路母线的原则。

①6 ~ 10 kV 配电装置，一般不设旁路母线。当地区电力网或用户不允许停电检修断路器时，可设置旁路母线。

② 35 ~ 63 kV 配电装置，一般也不设旁路母线。当线路断路器不允许停电检修时，可采用分段兼旁路断路器接线。

③ 110 ~ 220 kV 配电装置，线路输送距离较远，输送功率较大，一旦停电，影响范围大，且其断路器的检修时间长；出线回路数越多，则断路器的检修机会越多，停电损失越大。因此，一般需设置旁路母线。首先采用分段兼旁路断路器的接线。但在下列情况下需装设专用旁路断路器。

A. 当 110 kV 出线为 7 回及以上，220 kV 出线为 5 回及以上时；

B. 对在系统中居重要地位的配电装置，110 kV 出线为 6 回及以上，220 kV 出线为 4 回及以上时。另外，变电所主变压器的 110 ~ 220 kV 侧断路器，宜接入旁路母线；发电厂主变压器的 110 ~ 220 kV 侧断路器，可随发电机停机检修，一般可不接入旁路母线。

④ 110 ~ 220 kV 配电装置具备下列条件时，可不设置旁路母线。

A. 采用可靠性高、检修周期长的 SF6 断路器或可迅速替换的手车式断路器时。

B. 系统有条件允许线路断路器停电检修时（如双回路供电或负荷点可由系统的其他电源供电等）。

应指出的是，随着高压断路器制造技术和质量的提高，近年来旁路母线（包括后述各种带旁路母线的形式）的应用愈来愈少，有些单机容量为 600 MW 的发电厂也只采用一般双母线，不设旁路母线。

（二）双母线接线

有两组工作母线的接线称为双母线接线。每个回路都经过一台断路器和两台母线隔离开关分别与两组母线连接，其中一台隔离开关闭合，另一台隔离开关断开；两母线之间通过母线联络断路器（简称母联断路器）连接。有两组母线后，使运行的可靠性和灵活性大为提高。

1. 一般双母线接线。一般在正常运行时，母联断路器 QFc 及其两侧隔离开关合上，母线并列工作，线路、电源均分在两组母线上，以固定连接方式运行。

（1）优点。

①供电可靠。供电可靠表现在以下几方面。

A. 检修任一母线时，可以利用母联把该母线上的全部回路倒换到另一组母线上，不会中断供电。这是在进、出线带负荷情况下的倒换操作，俗称“热倒”，对各回路的母线隔离开关是“先合后拉”的。

B. 检修任一回路的母线隔离开关时，只需停该回路及与该隔离开关相连的母线。

C. 任一母线故障时，可将所有连于该母线上的线路和电源倒换到正常母线上，使装置迅速恢复工作。这是在故障母线进、出线没有负荷情况下的倒换操作，俗称“冷倒”，对各回路的母线隔离开关是“先拉后合”，否则故障会转移到正常母线上。

②运行方式灵活。可以采用以下方式。

A. 两组母线并列运行方式（相当于单母分段运行）。

B. 两组母线分裂运行方式（母联断路器 QFc 断开）。

C. 一组母线工作，另一组母线备用的运行方式（相当于单母线运行）。

多采用第 A 种方式，因母线故障时可缩小停电范围，且两组母线的负荷可以调配。母联断路器的作用是：当采用第 A 种运行方式时，用于联络两组母线，使两组母线并列运行；在第 A、B 种运行方式倒母线操作时使母线隔离开关两侧等电位；当采用第 C 种运行方式时，用于在倒母线操作时检查备用母线是否完好。

③扩建方便，可向母线的任一端扩建。

④可以完成一些特殊功能。例如，必要时，可利用母联断路器与系统并列或解列；当某个回路需要独立工作或进行试验时，可将该回路单独接到一组母线上进行；当线路需要利用短路方式融冰时，亦可腾出一组母线作为融冰母线，不致影响其他回路；当任一断路器有故障而拒绝动作（如触头焊住、机构失灵等）或不允许操作（如严重漏油）时，可将该回路单独接于一组母线上，然后用母联断路器代替其断开电路。

（2）缺点。

①在母线检修或故障时，隔离开关作为倒换操作电器，操作复杂，容易发生误操作。

②当一组母线故障时仍短时停电，影响范围较大。

③检修任一回路的断路器，该回路仍停电。

④双母线存在全停的可能，如母联断路器故障（短路）或一组母线检修而另一组母线故障（或出线故障而其断路器拒动）。

⑤所用设备多（特别是隔离开关），配电装置复杂。

（3）适用范围：当母线上的出线回路数或电源数较多、输送和穿越功率较大、母线或母线设备检修时不允许对用户停电、母线故障时要求迅速恢复供电、系统运行调度对接线的灵活性有一定要求时，一般采用双母线接线，具体范围如下。

① 6 ~ 10 kV 配电装置，当短路电流较大、出线需带电抗器时。

② 35 ~ 63 kV 配电装置，当出线回路数超过 8 回或连接的电源较多、负荷较大时。

③ 110 ~ 220 kV 配电装置，当出线回路数为 5 回及以上或该配电装置在系统中居重要地位、出线回路数为 4 回及以上时。

2. 一般双母线带旁路接线

（1）具有专用旁路断路器的双母线带旁路接线：具有专用旁路断路器的双母线带旁路接线是在一般双母线的基础上增设旁路母线和旁路断路器 QFp。每一出线都经过各自的旁路隔离开关接到旁路母线上（电源回路也可接入旁路）。这种接线，运行操作方便，不影响双母线的运行方式，但多用一组旁路母线、一台旁路断路器和多台旁路隔离开关，增加投资和占地面积，且旁路断路器的继电保护整定较复杂。

检修线路断路器的操作步骤，与前述具有专用旁路断路器的单母线分段带旁路类似。

（2）以母联断路器兼作旁路断路器的接线：为了节省专用旁路断路器，节省投资和占地面积，对可靠性和灵活性要求不太高的配电装置或工程建设的初期，常以母联断路器兼作旁路断路器。

（3）一般双母线设置旁路母线的原则。

① 6 ~ 63 kV 配电装置，一般不设置旁路母线。

② 110 ~ 220 kV 配电装置，设置旁路母线的原则与分段单母线相同。

③ 110 ~ 220 kV 配电装置在下列情况下，可以采用简易的旁路隔离开关代替旁路母线。

A. 配电装置为屋内型，需节约建筑面积、降低土建造价时。

B. 最终出线回路数较少，而线路又不允许停电检修断路器时。

3. 分段的双母线接线。分段的双母线接线是用断路器将其中一组母线分段，或将两组母线都分段。

（1）双母线三分段接线：双母线三分段的接线是用分段断路器 QFd 将一般双母线中的一组母线分为两段（有时在分段处加装电抗器）。该接线有两种运行方式。

①上面一组母线作为备用母线，下面两段分别经一台母联断路器与备用母线相连。正常运行时，电源、线路分别接于两分段上，分段断路器 QFd 合上，两台母联断路器均断开，相当于分段单母线运行。这种方式又称工作母线分段的双母线接线，具有分段单母线和一般双母线的特点，而且有更高的可靠性和灵活性，例如，当工作母线的任一段检修或故障时，可以把该段全部回路倒换到备用母线上，仍可通过母联断路器维持两部分并列运行，这时，如果再发生母线故障也只影响一半左右的电源和负荷。用于发电机电压配电装置时，分段断路器两侧一般还各增加一组母线隔离开关接到备用母线上，当机组数较多时，工作母线的分段数可能超过两段。

②上面一组母线也作为一个工作段，电源和负荷均分在三个分段上运行，母联断路器和分段断路器均合上，这种方式在一段母线故障时，停电范围约为 1/3。

双母线三分段接线的断路器及配电装置投资较大，适用于进出线回路数较多的配电装置。

（2）双母线四分段接线：双母线四分段的接线是用分段断路器将一般双母线中的两组母线各分为两段，并设置两台母联断路器。正常运行时，电源和线路大致均分在四段母线上，母联断路器和分段断路器均合上，四段母线同时运行。当任一段母线故障时，只有 1/4 的电源和负荷停电；当任一母联断路器或分段断路器故障时，只有 1/2 左右的电源和负荷停电（分段单母线及一般双母线接线都会全停电）。但这种接线的断路器及配电装置投资更大，适用于进出线回路数甚多的配电装置。

（3）双母线分段带旁路接线：双母线三分段或四分段均有带旁路的接线方式。

（4）双母线分段接线的适用范围。

①发电机电压配电装置，每段母线上的发电机容量或负荷为 25 MW 及以上时。

② 20 kV 配电装置，当进出线回路数为 10 ~ 14 回时，采用双母线三分段带

旁路接线；当进出线回路数为 15 回及以上时，采用双母线四分段带旁路接线。两种情况均装设两台母联兼旁路断路器。

③ 330 ~ 500 kV 配电装置，当进出线回路数为 6 ~ 7 回时，采用双母线三分段带旁路接线，装设两台母联兼旁路断路器；当进出线回路数为 8 回及以上时，采用双母线四分段带旁路接线，装设两台母联兼旁路断路器，并预留一台专用旁路断路器的位置。对出线回路数较少的 330 kV 配电装置，可采用带旁路隔离开关的接线。

（三）一台半断路器接线

一台半断路器接线又称 3/2 接线，即每 2 条回路共用 3 台断路器（每条回路一台半断路器），每串的中间一台断路器为联络断路器。正常运行时，两组母线和全部断路器都投入工作，形成多环状供电，因此，具有很高的可靠性和灵活性。

1. 优点

（1）任一母线故障或检修（所有接于该母线上的断路器断开），均不致停电。

（2）当同名元件接于不同串，即同一串中有一回出线、一回电源时，在两组母线同时故障或一组检修另一组故障的极端情况下，功率仍能经联络断路器继续输送。

（3）除了联络断路器内部故障时（同串中的两侧断路器将自动跳闸）与其相连的两回路短时停电外，联络断路器外部故障或其他任何断路器故障最多停一个回路。

（4）任一断路器检修都不致停电，而且可同时检修多台断路器。

（5）运行调度灵活，操作、检修方便，隔离开关仅作为检修时隔离电器。

2. 缺点

（1）一台半断路器接线要求电源和出线数目最好相同；为提高可靠性，要求同名回路接在不同串上；对特别重要的同名回路，要考虑“交替布置”，即同名回路分别接人不同母线，以提高运行的可靠性。而由于配电装置结构的特点，要求每对回路中的变压器和出线向不同方向引出，这将增加配电装置的间隔，限制一台半断路器接线的应用。

（2）与双母线带旁路比较，一台半断路器接线所用断路器、电流互感器多，投资大。

（3）正常操作时，联络断路器动作次数是其两侧断路器的 2 倍；一个回路故障时要跳两台断路器，断路器动作频繁，检修次数增多。

（4）二次控制接线和继电保护都较复杂。

3. 适用范围。一台半断路器接线用于大型电厂和变电所 220 kV 及以上、进出线回路数 6 回及以上的高压、超高压配电装置中。

（四）4/3 台断路器接线

4/3 台断路器接线即每 3 条回路共用 4 台断路器。正常运行时，两组母线和全部断路器都投入工作，形成多环状供电，因此，也具有很高的可靠性和灵活性。与一台半断路器接线相比，投资较省，但可靠性有所降低，布置比较复杂，且要求同串的 3 个回路中，电源和负荷容量相匹配。目前仅加拿大的皮斯河叔姆水电厂采用，其他很少采用。

（五）变压器—母线组接线

变压器—母线组接线的出线回路采用双断路器接线或一台半断路器接线，而主变压器直接经隔离开关接到母线上。正常运行时，两组母线和所有断路器均投入。这种接线调度灵活，检修任一断路器均不停电，电源和负荷可自由调配，安全可靠，且有利于扩建；一组母线故障或检修时，只减少输送功率，不会停电。可靠性较双母线带旁路高，但主变压器故障即相当于母线故障。

变压器 - 母线组接线应用于超高压系统中，适用于有长距离大容量输电线路、要求线路有高度可靠性的配电装置，进出线为 5 ~ 8 回，并要求主变压器的质量可靠、故障率甚低。当出线数为 3 ~ 4 回时，线路采用双断路器接线方式。

二、无汇流母线的主接线

无汇流母线的主接线没有母线这一中间环节，使用的开关电器少，配电装置占地面积小，投资较少，没有母线故障和检修问题，但其中部分接线形式只适用于进出线少并且没有扩建和发展可能的发电厂和变电所。

（一）单元接线

发电机和主变压器直接连成一个单元，再经断路器接至高压系统，发电机出口处除厂用分支外不再装设母线，这种接线形式称为发电机—变压器单元接线。

1. 发电机—双绕组变压器单元接线。发电机—双绕组变压器单元接线的变压器可以是一台三相双绕组变压器或三台单相双绕组变压器。

发电机和变压器容量配套，两者不可能单独运行，所以，发电机出口一般不装断路器，只在变压器的高压侧装断路器，断路器与变压器之间不必装隔离开关。但为了便于发电机单独试验及在发电机停止工作时由系统供给厂用电，发电机出口可装设一组隔离开关。对 200 MW 及以上机组，若采用封闭母线可不装隔离开关（封闭母线可靠性很高，而大电流隔离开关发热问题较突出），但应装有可拆的连接片。发电机出口也有装断路器的，其主要目的是在机组启动时可从主变压器低压侧获得厂用电，在机组解、并列时减少主变压器高压侧断路器的操作次数。

发电机—双绕组变压器单元接线，常被大、中、小型机组采用，特别是在大型机组中被广泛采用。

2. 发电机—三绕组变压器（或自耦变压器）单元接线。考虑到在电厂启动时获得厂用电，以及在发电机停止工作时仍能保持高、中压侧电网之间的联系，在发电机出口处需装设断路器；为了在检修高、中压侧断路器时隔离带电部分，其断路器两侧均应装设隔离开关。

当机组容量为 200 MW 及以上时，可能选择不到合适的断路器（可能现有的断路器不能承受那么大的发电机额定电流，也不能切断发电机出口短路电流），且采用封闭母线后安装工艺也较复杂，同时，由于制造上的原因，三绕组变压器的中压侧不留分接头，只作死抽头，不利于高、中压侧的调压和负荷分配。所以，大容量机组一般不宜采用。

3. 发电机—变压器扩大单元接线。为了减少变压器和断路器的台数，以及节省配电装置的占地面积，或者由于大型变压器暂时没有相应容量的发电机配套（例如，由于制造或运输方面的原因），或单机容量偏小，而发电厂与系统的连接电压又较高，考虑到用一般的单元接线在经济上不合算，可以将两台发电机并联后再接至一台双绕组变压器，或两台发电机分别接至有分裂低压绕组的变压器的两个低压侧，这两种接线都称为扩大单元接线。

4. 发电机—变压器—线路组单元接线。这种接线最简单，设备最少，不需要高压配电装置。它可用于场地狭窄、附近有枢纽变电所的大型发电厂（可以有多组单元），其电能直接输送到附近的枢纽变电所。

当变电所只有一台主变压器（双绕组或三绕组）和一回线路时，可采用发电机—变压器—线路单元接线。

5. 单元接线的特点和应用

（1）单元接线的特点。单元接线的优点如下。

①接线简单，开关设备少，操作简便。

②故障可能性小，可靠性高。

③由于没有发电机电压母线，无多台机并列，发电机出口短路电流有所减小，特别是可限制低压侧短路电流。

④配电装置结构简单，占地少，投资省。

单元接线的主要缺点是单元中任一元件故障或检修都会影响整个单元的工作。

（2）单元接线的应用。单元接线一般用于下述情况。

①发电机额定电压超过 10 kV（单机容量在 125 MW 及以上）。

②虽然发电机额定电压不超过 10 kV，但发电厂无地区负荷。

③原接于发电机电压母线的发电机已能满足该电压级地区负荷的需要。

④原接于发电机电压母线的发电机总容量已经较大（6 kV 配电装置不能超过 120 MW，10 kV 配电装置不能超过 240 MW）。

（二）桥形接线

当只有两台主变压器和两回输电线路时，采用桥形接线，所用断路器数量最少（4 个回路使用 3 台）。

1. 内桥接线。桥连断路器 QF3 在断路器 QF1、断路器 QF2 的变压器侧，称内桥接线。

（1）特点如下。

①其中一回线路检修或故障时，其余部分不受影响，操作较简单。

②变压器切除、投入或故障时，有一回路短时停运，操作较复杂。

③线路侧断路器检修时，线路需较长时间停运。

（2）适用范围。内桥接线适用于输电线路较长（则检修和故障概率大）或变压器不需经常投、切及穿越功率不大的小容量配电装置中。

2. 外桥接线。桥连断路器 QF3 在断路器 QF1、断路器 QF2 的线路侧，称为外桥接线，其特点及适用范围正好与内桥相反。

（1）特点。①其中一回线路检修或故障时，有一台变压器短时停运，操作较复杂。

②变压器切除、投入或故障时，不影响其余部分的联系，操作较简单。

③穿越功率只经过的断路器 QF3，所造成的断路器故障、检修及系统开环的概率小。

④变压器侧断路器检修时，变压器需较长时间停运。桥连断路器检修时也会造成开环。

（2）适用范围。外桥接线适用于输电线路较短或变压器需经常投、切及穿越功率较大的小容量配电装置中。

3. 双桥形接线。当有三台变压器和三回线路时，可采用双桥形（或称扩大桥）接线。

4. 桥形接线的发展。桥形接线很容易发展为分段单母线或双母线接线。

由于桥形接线使用的断路器少、布置简单、造价低，容易发展为分段单母线或双母线，在 35 ~ 220 kV 小容量发电厂、变电所配电装置中广泛应用，但可靠性不高。当有发展、扩建要求时，应在布置时预留设备位置。

（三）角形接线

角形接线将断路器布置闭合成环，并在相邻两台断路器之间引接一条回路（不再装断路器）的接线。其角数等于进、出线回路总数，等于断路器台数。

1. 优点

（1）闭环运行时，有较高的可靠性和灵活性。

（2）检修任一台断路器，仅需断开该断路器及其两侧隔离开关，操作简单，无任何回路停电。

（3）断路器使用量较少，与不分段单母线相同，仅次于桥形接线，投资省，占地少。

（4）隔离开关只作为检修断路器时隔离电压用，不作切换操作用。

2. 缺点

（1）角形中任一台断路器检修时，变开环运行，降低接线的可靠性。角数越多，断路器越多，开环概率越大，即进出线回路数要受到限制。

（2）在开环的情况下，当某条回路故障时将影响别的回路工作。

（3）角形接线在开、闭环两种状态的电流差别很大，可能使设备选择发生困难，并使继电保护复杂化。

（4）配电装置的明显性较差，而且不利于扩建。

3. 适用范围。角形接线多用于最终规模较明确，进、出线数为 3 ~ 5 回的 110 kV 及以上的配电装置中（例如水电厂及无扩建要求的变电所等）。

第三节　发电厂和变电所主变压器的选择

发电厂和变电所中，用于向电力系统或用户输送功率的变压器，称为主变压器；只用于两种升高电压等级之间交换功率的变压器，称为联络变压器。

一、主变压器容量、台数的选择

主变压器容量、台数直接影响主接线的形式和配电装置的结构。它的选择除依据基础资料外，主要取决于输送功率的大小、与系统联系的紧密程度、运行方式及负荷的增长速度等因素，并至少要考虑 5 年内负荷的发展需要。如果容量选得过大、台数过多，则会增加投资、占地面积和损耗，不能充分发挥设备的效益，并增加运行和检修的工作量；如果容量选得过小、台数过少，则可能封锁发电厂剩余功率的输送，或限制变电所负荷的需要，影响系统不同电压等级之间的功率交换及运行的可靠性等。因此，应合理选择其容量和台数。

二、发电厂主变压器容量、台数的选择

1. 单元接线中的主变压器容量 S_N 应按发电机额定容量扣除本机组的厂用负荷后，留有 10% 的裕度选择，即

$$S_N \approx \frac{1.1P_{NG}(1-K_P)}{\cos\varphi_G}\text{MV}\cdot\text{A} \tag{1-1}$$

式中，P_{NG} 为发电机容量，在扩大单元接线中为两台发电机容量之和，单位为 MW；$\cos\varphi_G$ 为发电机额定功率因数；K_P 为厂用电率。

每单元的主变压器为一台。

2. 接于发电机电压母线与升高电压母线之间的主变压器容量 S_N 按下列条件选择。

（1）当发电机电压母线上的负荷最小时（特别是发电厂投入运行初期，发电

机电压负荷不大)，应能将发电厂的最大剩余功率送至系统，计算中不考虑稀有的最小负荷情况，即

$$S_N \approx \frac{\left[\frac{\sum P_{NG}(1-K_P)}{\cos\varphi_G} - \frac{P_{min}}{\cos\varphi}\right]}{n} \text{MV} \cdot \text{A} \tag{1-2}$$

式中，$\sum P_{NG}$ 为发电机电压母线上的发电机容量之和，单位为 MW；P_{min} 为发电机电压母线上的最小负荷，单位为 MW；$\cos\varphi$ 为负荷功率因数；n 为发电机电压母线上的主变压器台数。

(2)若发电机电压母线上接有两台及以上主变压器，当负荷最小且其中容量最大的一台变压器退出运行时，其他主变压器应能将发电厂最大剩余功率的 70% 以上送至系统，即

$$S_N \approx \frac{\left[\frac{\sum P_{NG}(1-K_P)}{\cos\varphi_G} - \frac{P_{min}}{\cos\varphi}\right] \times 70\%}{n-1} \text{MV} \cdot \text{A} \tag{1-3}$$

(3)当发电机电压母线上的负荷最大且其中容量最大的一台机组退出运行时，主变压器应能从系统倒送功率，满足发电机电压母线上最大负荷的需要，即

$$S_N \approx \frac{\left[\frac{P_{max}}{\cos\varphi} - \frac{\sum P'_{NG}(1-K_P)}{\cos\varphi_G}\right]}{n} \text{MV} \cdot \text{A} \tag{1-4}$$

式中，$\sum P'_{NG}$ 为发电机电压母线上除最大一台机组外，其他发电机容量之和，单位为 MW；P_{max} 为发电机电压母线上的最大负荷，单位为 MW。

(4)对水电厂比重较大的系统，由于经济运行的要求，在丰水期应充分利用水能，这时有可能停用火电厂的部分或全部机组，以节约燃料，火电厂的主变压器应能从系统倒送功率，满足发电机电压母线上最大负荷的需要，即

$$S_N \approx \frac{\left[\frac{P_{max}}{\cos\varphi} - \frac{\sum P''_{NG}(1-K_P)}{\cos\varphi_G}\right]}{n} \text{MV} \cdot \text{A} \tag{1-5}$$

式中，$\sum P''_{NG}$ 为发电机电压母线上停用部分机组后，其他发电机容量之和，单位为 MW。

对式（1-2）～式（1-5）计算结果进行比较，取其中最大者 [无第④项要求者可不计算式（1-5）]。

接于发电机电压母线上的主变压器一般说来不少于两台，但对主要向发电机电压供电的地方电厂、系统电源主要作为备用时，可以只装一台。

三、变电所主变压器容量、台数的选择。

变电所主变压器的容量一般按变电所建成后 5 ～ 10 年的规划负荷考虑，并应按照其中一台停用时其余变压器能满足变电所最大负荷 S_{max} 的 60% ～ 70%（35 ～ 110 kV 变电所为 60%，220 ～ 500 kV 变电所为 70%）或全部重要负荷（当Ⅰ、Ⅱ类负荷超过上述比例时）选择，即

$$S_N \approx \frac{(0.6 \sim 0.7)S_{max}}{n-1} \text{MV} \times \text{A} \tag{1-6}$$

式中，n 为变电所主变压器台数。

为了保证供电的可靠性，变电所一般装设两台主变压器；枢纽变电所装设 2 ～ 4 台；地区性孤立的一次变电所或大型工业专用变电所，可装设 3 台。

四、联络变压器容量的选择

1. 联络变压器的容量应满足所联络的两种电压网络之间在各种运行方式下的功率交换。

2. 联络变压器的容量一般不应小于所联络的两种电压母线上最大一台机组的容量，以保证最大一台机组故障或检修时，通过联络变压器来满足本侧负荷的需要；同时也可在线路检修或故障时，通过联络变压器将剩余功率送入另一侧系统。

注：联络变压器一般只装一台。

按照上述原则计算所需变压器容量后，应选择接近国家标准容量系列的变压器。当据计算结果偏小选择（例如计算结果为 6800 kV · A，而选择 6300 kV · A

的变压器）时，需进行过负荷校验，具体校验计算可参照变压器相关内容。

变压器是一种静止电器，实践证明它的工作比较可靠，事故率很低，每10年左右大修一次（可安排在低负荷季节进行），所以，可不考虑设置专用的备用变压器。但大容量单相变压器组是否需要设置备用相，应根据系统要求，经过技术经济比较后确定。

五、主变压器型式的选择

1. 相数的确定。在330 kV及以下的发电厂和变电所中，一般都选用三相式变压器。因为一台三相式变压器比同容量的三台单相式变压器投资小、占地少、损耗小，同时配电装置结构较简单，运行维护较方便。如果受到制造、运输等条件（如桥梁负重、隧道尺寸等）的限制，则可选用两台容量较小的三相变压器；在技术经济合理时，也可选用单相变压器组。

在500 kV及以上的发电厂和变电所中，应按其容量、可靠性要求、制造水平、运输条件、负荷和系统情况等因素，经技术经济比较后确定。

2. 绕组数的确定

（1）只有一种升高电压向用户供电或与系统连接的发电厂，以及只有两种电压的变电所，采用双绕组变压器。

（2）有两种升高电压向用户供电或与系统连接的发电厂，以及有三种电压的变电所，可以采用双绕组变压器或三绕组变压器（包括自耦变压器）。

①当最大机组容量为125 MW及以下，而且变压器各侧绕组的通过容量均达到变压器额定容量的15%及以上时（否则绕组利用率太低），应优先考虑采用三绕组变压器。因为两台双绕组变压器才能起到联系三种电压级的作用，而一台三绕组变压器的价格、所用的控制电器及辅助设备比两台双绕组变压器少，运行维护也较方便。但一个电厂中的三绕组变压器一般不超过两台。当送电方向主要由低压侧送向中、高压侧，或由低、中压侧送向高压侧时，优先采用自耦变压器。

②当最大机组容量为125 MW及以下，但变压器某侧绕组的通过容量小于变压器额定容量的15%时，可采用发电机—双绕组变压器单元加双绕组联络变压器。

③当最大机组容量为200 MW及以上时，采用发电机—双绕组变压器单元

加联络变压器。其联络变压器宜选用三绕组（包括自耦变压器），低压绕组可作为厂用备用电源或启动电源，也可用来连接无功补偿装置。

④当采用扩大单元接线时，应优先选用低压分裂绕组变压器，以限制短路电流。

⑤在有三种电压的变电所中，如变压器各侧绕组的通过容量均达到变压器额定容量的 15% 及以上，或低压侧虽无负荷，但需在该侧装无功补偿设备时，宜采用三绕组变压器；当变压器需要与 110 kV 及以上的两个中性点直接接地系统相连接时，可优先选用自耦变压器。

3. 绕组接线组别的确定。变压器的绕组连接方式必须使得其线电压与系统线电压相位一致，否则不能并列运行。电力系统变压器采用的绕组连接方式有星形“Y”和三角形“D”两种。我国电力变压器的相绕组所采用的连接方式为：110 kV 及以上电压侧均为“YN”，即有中性点引出并直接接地；35 kV 作为高、中压侧时都可能采用“Y”，其中性点不接地或经消弧线圈接地，作为低压侧时可能用“Y”或“D”；35 kV 以下电压侧（不含 0.4 kV 及以下）一般为“D”，也有“Y”方式。

变压器绕组接线组别（即各侧绕组连接方式的组合），一般考虑系统或机组同步并列要求及限制三次谐波对电源的影响等因素。接线组别的一般情况是：

（1）6 ~ 500 kV 均有双绕组变压器，其接线组别为“Y，d11”或“YN，d11”，“YN，y0”或“Y，yn0”。0 和 11 分别表示该侧的线电压与前一侧的线电压相位差 0° 和 330°（下同）。组别“I，I0”表示单相双绕组变压器，用于 500 kV 系统。

（2）110 ~ 500 kV 均有三绕组变压器，其接线组别为“YN，y0，d11”、“YN，yn0，d11”、“YN，yn0，y0”、“YN，d11-d11”（表示有两个“D”接的低压分裂绕组）及“YN，a0，d11”（表示高、中压侧为自耦方式）等。组别“I，I0，I0”及“I，a0，I0”表示单相三绕组变压器，用于 500 kV 系统。

4. 结构型式的选择。三绕组变压器或自耦变压器，在结构上有以下两种基本型式。

（1）升压型。升压型的绕组排列为：铁芯—中压绕组—低压绕组—高压绕组，绕组间相距较远、阻抗较大、传输功率时损耗较大。

（2）降压型。降压型的绕组排列为：铁芯—低压绕组—中压绕组—高压绕组，高、低压绕组间相距较远、阻抗较大、传输功率时损耗较大。

应根据功率的传输方向来选择其结构型式。

发电厂的三绕组变压器，高、中压一般为低压侧向高、中压侧供电，应选用升压型。变电所的三绕组变压器，如果以高压侧向中压侧供电为主、向低压侧供电为辅，则应选用降压型；如果以高压侧向低压侧供电为主、向中压侧供电为辅，则可选用升压型。

5. 调压方式的确定。变压器的电压调整是用分接开关切换变压器的分接头，从而改变其变比来实现的。无励磁调压变压器的分接头较少，调压范围只有10%（$\pm 2 \times 2.5\%$），且分接头必须在停电的情况下才能调节；有载调压变压器的分接头较多，调压范围可达30%，且分接头可在带负荷的情况下调节，但其结构复杂、价格贵，在下述情况下采用较为合理。

（1）出力变化大，或发电机经常在低功率因数运行的发电厂的主变压器。

（2）具有可逆工作特点的联络变压器。

（3）电网电压可能有较大变化的220 kV及以上的降压变压器。

（4）电力潮流变化大和电压偏移大的110 kV变电所的主变压器。

6. 冷却方式的选择。电力变压器的冷却方式，随电力变压器的型式和容量不同而异，一般其冷却方式有以下几种类型。

（1）自然风冷却：无风扇，仅借助冷却器（又称散热器）热辐射和空气自然对流冷却，额定容量在10 000 kV · A及以下。

（2）强迫空气冷却：强迫空气冷却简称风冷式，在冷却器间加装数台电风扇，使油迅速冷却，额定容量在8 000 kV · A及以上。

（3）强迫油循环风冷却：采用潜油泵强迫油循环，并用风扇对油管进行冷却，额定容量在40 000 kV · A及以上。

（4）强迫油循环水冷却：采用潜油泵强迫油循环，并用水对油管进行冷却，额定容量在120 000 kV · A及以上。由于铜管质量不过关，国内已很少应用。

（5）强迫油循环导向冷却：采用潜油泵将油压入线圈之间、线饼之间和铁芯预先设计好的油道中进行冷却。

（6）水内冷：将纯水注入空心绕组中，借助水的不断循环，将变压器的热量带走。

注意：相同容量的变压器可能有不同的冷却方式，所以存在选择问题。

第四节 限制短路电流的措施

短路是电力系统中常发生的故障。当短路电流通过电气设备时，将引起设备短时发热，并产生巨大的电动力，因此它直接影响电气设备的选择和安全运行。某些情况下，短路电流能达到很大的数值，例如，在大容量发电厂中，当多台发电机并联运行于发电机电压母线时，短路电流可达几万至几十万安。这时按照电路额定电流选择的电器可能承受不了短路电流的冲击，从而不得不加大设备型号，即选用重型电器（其额定电流比所控制电路的额定电流大得多的电器），这是不经济的。为此，在设计主接线时，应根据具体情况采取限制短路电流的措施，以便在发电厂和用户侧均能合理地选择轻型电器（即其额定电流与所控制电路的额定电流相适应的电器）和截面较小的母线及电缆。

一、选择适当的主接线形式和运行方式

为了减小短路电流，可采用计算阻抗大的接线和减少并联设备、并联支路的运行方式。

1. 在发电厂中，对适合采用单元接线的机组，尽量采用单元接线。

2. 在降压变电所中，采用变压器低压侧分裂运行方式。

3. 对具有双回线路的用户，采用线路分开运行方式，或在负荷允许时，采用单回运行。

4. 对环形供电网络，在环网中穿越功率最小处开环运行。

以上方法中 1 ~ 4 点将会降低供电的可靠性和灵活性，而且会增加电压损失和功率损耗。所以，目前限制短路电流主要采用加装限流电抗器或低压分裂绕组变压器的方法。

二、加装限流电抗器

在发电厂和变电所 20 kV 及以下的某些回路中加装限流电抗器是广泛采用的限制短路电流的方法。

（一）加装普通电抗器

按安装地点和作用，普通电抗器可分为母线电抗器和线路电抗器两种。

1. 母线电抗器。母线电抗器装于母线分段上或主变压器低压侧回路中。

（1）母线电抗器的作用：无论是厂内或厂外发生短路，母线电抗器均能起到限制短路电流的作用。

①使得发电机出口断路器、母联断路器、分段断路器及主变压器低压侧断路器都能按各自回路的额定电流选择。

②当电厂和系统容量较小，而母线电抗器的限流作用足够大时，线路断路器也可按相应线路的额定电流选择，这种情况下可以不装设线路电抗器。

（2）百分电抗：电抗器在其额定电流 I_N 下所产生的电压降 x_LI_N 与额定相电压比值的百分数，称为电抗器的百分电抗，即

$$x_L\% = \frac{\sqrt{3}x_L I_N}{U_N} \times 100 \tag{1-7}$$

由于正常情况下母线分段处往往电流最小，在此装设电抗器所产生的电压损失和功率损耗最小，因此，在设计主接线时应首先考虑装设母线电抗器，同时，为了有效地限制短路电流，母线电抗器的百分电抗值可选得大一些，一般为 8% ~ 12%。

2. 线路电抗器。当电厂和系统容量较大时，除装设母线电抗器外，还要装设线路电抗器。在馈线上加装电抗器。

（1）线路电抗器的作用：主要是用来限制 6 ~ 10 kV 电缆馈线的短路电流。这是因为，电缆的电抗值很小且有分布电容，即使在馈线末端短路，其短路电流也和在母线上短路相近。装设线路电抗器后：

①可限制该馈线电抗器后发生短路时的短路电流，使发电厂引出端和用户处均能选用轻型电器，减小电缆截面。

②由于短路时电压降主要产生在电抗器中，因而母线能维持较高的剩余电压（或称残压，一般都大于 65%U_N），对提高发电机并联运行稳定性和连接于母线

上非故障用户（尤其是电动机负荷）的工作可靠性极为有利。

（2）百分电抗。为了既能限制短路电流，维持较高的母线剩余电压，又不致在正常运行时产生较大的电压损失（一般要求不应大于 $5\%U_N$）和较多的功率损耗，通常线路电抗器的百分电抗值选择 3% ~ 6%，具体值由计算确定。

（3）线路电抗器的布置位置有两种方式。

①布置在断路器 QF 的线路侧。这种布置安装较方便，但因断路器是按电抗器后的短路电流选择，所以，断路器有可能因切除电抗器故障而损坏。

②布置在断路器 QF 的母线侧。这种布置安装不方便，而且使得线路电流互感器（在断路器 QF 的线路侧）至母线的电气距离较长，增加了母线的故障机会。

当母线和断路器之间发生单相接地时，寻找接地点所进行的操作较多。

对于架空馈线，一般不装设电抗器，因为其本身的电抗较大，足以把本线路的短路电流限制到装设轻型电器的程度。

3. 加装分裂电抗器。分裂电抗器在结构上与普通电抗器相似，只是在线圈中间有一个抽头作为公共端，将线圈分为两个分支（称为两臂）。两臂有互感耦合，而且在电气上是连通的。

一般中间抽头 3 用来连接电源，两臂 1、2 用来连接大致相等的两组负荷。

两臂的自感相同，即 $L1=L2=L$，一臂的自感抗 $x_L=L_w$。若两臂的互感为 M，则互感抗 $x_M= M_w$ 耦合系数 f 为

$$f = \frac{M}{L} \tag{1-8}$$

即

$$x_M = fx_L \tag{1-9}$$

注意：f 取决于分裂电抗器的结构，一般为 0.4 ~ 0.6。

（1）优点：当分裂电抗器一臂的电抗值与普通电抗器相同时，有比普通电抗器突出的优点，具体如下。

①正常运行时电压损失小。设正常运行时两臂的电流相等，均为 I，每臂的电压降为

$$\Delta U = \Delta U_{31} = \Delta U_{32} = I(1+f)x_L - 2Ifx_L = I(1-f)x_L \tag{1-10}$$

所以，正常运行时的等值电路，若取f=0.5，则即正常运行时，电流所遇到的电抗为分裂电抗器一臂电抗的 1/2，电压损失比普通电抗器小。

②短路时有限流作用。当分支 1 的出线短路时，流过分支 1 的短路电流 I_k 比分支 2 的负荷电流大得多，若忽略分支 2 的负荷电流，则

$$\Delta U_{31} = I_k[(1+f)x_L - fx_L] = I_k x_L \qquad (1\text{-}11)$$

即短路时，短路电流所遇到的电抗为分裂电抗器一臂电抗 x_L，与普通电抗器的限制作用一样。

③比普通电抗器多供一倍的出线，减少了电抗器的数目。

（2）缺点

①正常运行中，当一臂的负荷变动时，会引起另一臂母线电压波动。

②当一臂母线短路时，会引起另一臂母线电压升高。

上述两种情况均与分裂电抗器的电抗百分值有关。一般分裂电抗器的电抗百分值取 8% ~ 12%。

（3）装设地点：分裂电抗器可以装设以下地点：①分裂电抗器装于直配电缆馈线上，每臂可以接一回或几回出线；②分裂电抗器装于发电机回路中，此时它同时起到母线电抗器和出线电抗器的作用；③分裂电抗器装于变压器低压侧回路中，可以是主变压器或厂用变压器回路。

三、采用低压分裂绕组变压器

（一）低压分裂绕组变压器的应用

1. 用于发电机—主变压器扩大单元接线，它可以限制发电机出口的短路电流。

2. 用作高压厂用变压器，这时两分裂绕组分别接至两组不同的厂用母线段，它可以限制厂用电母线的短路电流，并使短路时变压器高压侧及另一段母线有较高的残压，提高厂用电的可靠性。

（二）优点

分裂变压器的两个低压分裂绕组，在电气上彼此不相连接、容量相同（一般为额定容量的 50% ~ 60%）、阻抗相等。其等值电路与三绕组变压器相似。其中 x_1 为高压绕组漏抗，$x_{2'}$、$x_{2''}$ 为两个低压分裂绕组漏抗，可以由制造部门给出的

穿越电抗 x_{12}（高压绕组与两低压绕组间的等值电抗）和分裂系数 K_f 求得。在设计制造时，有意使两分裂绕组的磁联系较弱，因而 $x_{2'}$、$x_{2''}$ 都较 x_1 大得多。

1. 正常电流遇到的电抗小。设正常运行时流过高压绕组的电流为 I，则流过每个低压绕组的电流为 $I/2$，高、低压绕组间的电压降为

$$\Delta U_{12'} = \Delta U_{12''} = Ix_{12} = Ix_1 + \frac{Ix_{2'}}{2} = I(x_1 + \frac{x_{2'}}{2})$$

$$x_{12} = x_1 + \frac{x_{2'}}{2} \approx \frac{x_{2'}}{2} \tag{1-12}$$

2. 若短路电流遇到的电抗大，则有显著的限流作用。

（1）设高压侧开路，低压侧一台发电机出口短路，这时另一台发电机的短路电流所遇到的电抗为两分裂绕组间的短路电抗（称分裂电抗），则

$$x_{2'2''} = x_{2'} + x_{2''} = 2x_{2'} \approx 4x_{12} \tag{1-13}$$

即短路时，短路电流遇到的电抗约为正常电流所遇电抗的 4 倍。

（2）设高压侧不开路，低压侧一台发电机出口短路，这时另一台发电机的短路电流所遇到的电抗仍为 $x_{2'2''}$。

系统短路电流遇到的电抗为

$$x_1 = x_{2'} \approx 2x_{12} \tag{1-14}$$

以上电抗都很大，能达到限制短路电流的作用。

分裂绕组变压器比普通变压器贵 20% 左右，但由于它的优点，在我国大型电厂中得到广泛应用。

第五节　主接线的设计原则和步骤

主接线设计是一个综合性问题，必须结合电力系统和发电厂或变电所的具体情况，全面分析有关因素，正确处理它们之间的关系，经过技术、经济比较，合理地选择主接线方案。

一、主接线的设计原则

1. 以设计任务书为依据。设计任务书是根据国家经济发展及电力负荷增长率的规划，在进行大量的调查研究和资料搜集工作的基础上，对系统负荷进行分析及电力电量平衡，从宏观角度论证建厂（所）的必要性、可能性和经济性，明确建设目的、依据、负荷及所在电力系统情况、建设规模、建厂条件、地点和占地面积、主要协作配合条件、环境保护要求、建设进度、投资控制和筹措、需要研制的新产品等，并经上级主管部门批准后提出的，因此，它是设计的原始资料和依据。

2. 以国家经济建设的方针、政策、技术规范和标准为准则。国家建设的方针、政策、技术规范和标准是根据电力工业的技术特点，结合国家实际情况而制定的，它是科学、技术条理化的总结，是长期生产实践的结晶，设计中必须严格遵循，特别应贯彻执行资源综合利用、保护环境、节约能源和水源、节约用地、提高综合经济效益和促进技术进步的方针。

3. 结合工程实际情况，使主接线满足可靠性、灵活性、经济性和先进性要求。

二、主接线的设计程序

主接线设计包括可行性研究、初步设计、技术设计和施工设计等 4 个阶段。下达设计任务书之前所进行的工作属于可行性研究阶段。初步设计主要是确定建设标准、各项技术原则和总概算。学校里进行的课程设计和毕业设计，在内容上相当于实际工程中的初步设计，其中，部分可达到技术设计要求的深度。具体设计步骤和内容如下。

（一）对原始资料分析

1. 本工程情况。本工程情况包括发电厂类型、规划装机容量（近期、远景）、单机容量及台数、可能的运行方式及年最大负荷利用小时数等。

（1）总装机容量及单机容量标志着电厂的规模和在电力系统中的地位及作用。当总装机容量超过系统总容量的 15% 时，该电厂在系统中的地位和作用至关重要。单机容量的选择不宜大于系统总容量的 10%，以保证在该机检修或事故情况下系统供电的可靠性。另外，为使生产管理及运行、检修方便，一个发电厂内单机容量以不超过两种为宜，台数以不超过 6 台为宜，且同容量的机组应尽量选用同一形式。

（2）运行方式及年最大负荷利用小时数直接影响主接线的设计。例如，核电厂及单机容量为 200 MW 以上的火电厂，主要承担基荷，年最大负荷利用小时数在 5000 h 以上，其主接线应以保证供电可靠性为主要选择依据；水电厂有可能承担基荷（如丰水期）、腰荷和峰荷，年最大负荷利用小时数在 3000 ~ 5000 h，其主接线应以保证供电调度的灵活性为主要选择依据。

2. 电力系统情况。电力系统情况包括系统的总装机容量、近期及远景（5 ~ 10 年）发展规划、归算到本厂高压母线的电抗，本厂（所）在系统中的地位和作用、近期及远景与系统的连接方式及各电压级中性点接地方式等。

电厂在系统中处于重要地位对其主接线要求较高。系统的归算电抗在主接线设计中主要用于短路计算，以便选择电气设备。电厂与系统的连接方式也与其地位和作用相适应，例如，中、小型火电厂通常靠近负荷中心，常有 6 ~ 10 kV 地区负荷，仅向系统输送不大的剩余功率，与系统之间可采用单回弱联系方式；大型发电厂通常远离负荷中心，其绝大部分电能向系统输送，与系统之间则采用双回或环形强联系方式。

电力系统中性点接地方式是一个综合性问题。我国对 35 kV 及以下电网中性点采用非直接接地（不接地或经消弧线圈、接地变压器接地等），又称小接地电流系统；对 110 kV 及以上电网中性点均采用直接接地，又称大接地电流系统。电网的中性点接地方式决定了主变压器中性点的接地方式。发电机中性点采用非直接接地，其中 125 MW 及以下机组的中性点采用不接地或经消弧线圈接地，200 MW 及以上机组的中性点采用经接地变压器接地（其二次侧接有一电阻）。

3. 负荷情况。负荷情况包括负荷的地理位置、电压等级、出线回路数、输送容量、负荷类别、最大及最小负荷、功率因数、增长率、年最大负荷利用小时数等。

对于一级负荷必须有两个独立电源供电（例如用双回路接于不同的母线段）；二级负荷一般也要有两个独立电源供电；三级负荷一般只需一个电源供电。

负荷的发展和增长速度，受政治、经济、工业水平和自然条件等因素的影响。负荷的预测方法有多种，需要时可参考有关文献。一般，粗略认为负荷在一定阶段内的自然增长率按指数规律变化，即

$$L = L_0 e^{mt} \tag{1-15}$$

式中，L_0 为初期负荷，单位为 MW；m 为年负荷增长率，由概率统计确定；t 为年数，一般按 5 ~ 10 年规划考虑；L 为由负荷为 L_0 的某年算起，经 t 年后的负荷，单位为 MW。

4. 其他情况。其他情况包括环境条件、设备制造情况等。当地的气温、湿度、覆冰、污秽、风向、水文、地质、海拔高度及地震等因素，对主接线中电气设备的选择、厂房和配电装置的布置等均有影响。为使所设计的主接线具有可行性，必须对主要设备的性能、制造能力、价格和供货等情况进行汇集、分析、比较，以保证设计的先进性、经济性和可行性。

（二）拟定若干个可行的主接线方案

根据设计任务书的要求，在分析了原始资料的基础上，可拟定出若干个可行的主接线方案。因为考虑到发电机的连接方式，主变压器的台数、容量及型式，各电压级接线形式的选择等不同，所以会有多种主接线方案（本期和远期）。

（三）对各方案进行技术论证

根据主接线的基本要求，从技术上论证各方案的优、缺点，对地位重要的大型发电厂或变电所要进行可靠性的定量计算、比较，淘汰一些明显不合理的、技术性较差的方案，保留 2 ~ 3 个技术上相当的、满足任务书要求的方案。

（四）对所保留的方案进行经济比较

对所保留的 2 ~ 3 个技术上相当的方案进行经济计算，并进行全面的技术、经济比较，确定最优方案。经济比较主要是对各个参加比较的主接线方案的综合总投资 O 和年运行费 U 进行综合效益比较。比较时，一般只需计算各方案不同部分的综合总投资和年运行费。

1. 综合总投资 O 的计算。综合总投资主要包括变压器、配电装置等主体设备的综合投资及不可预见的附加投资。所谓综合投资，就是设备本体价格、附属设备（如母线、控制设备等）费、主要材料费及安装费等各项费用的总和。综合总投资 O 可用式（1-16）计算，即

$$O = O_0 \left(1 + \frac{a}{100}\right) \text{万元} \tag{1-16}$$

式中，O_0 为主体设备的投资，包括变压器、开关设备、配电装置、明显的

增修桥梁和公路，以及拆迁等费用，万元；a 为不明显的附加费用的比例系数，如基础加工、电缆沟道开挖费用等，对 220 kV 取 70，110 kV 取 90。

2. 年运行费 U 的计算。年运行费 U 主要包括一年中变压器的电能损耗费，小修、维护费及折旧费，即

$$U = \alpha \Delta A \times 10^{-4} + U_1 + U_2 \text{万元} \tag{1-17}$$

式中，α 为电能电价，可参考采用各地区的实际电价，单位为元 / (kW · h)；ΔA 为变压器的年电能损耗，单位为 kW · h；U_1 为年小修、维护费，一般取（0.022 ~ 0.042）O，单位为万元；U_2 为年折旧费，一般取 0.058O，单位为万元。

折旧费 U_2 是指在电力设施使用期间逐年缴回的建设投资，以及年大修费用。它和小修、维护费 U_1 都取决于电力设施的价值，所以，都以综合投资的百分数来计算。而 ΔA 与变压器的型式及负荷情况有关，其计算公式如下：

（1）对双绕组变压器，其 ΔA 为

$$\Delta A = n(\Delta P_0 + K_Q \Delta Q_0)\sum_{i=1}^{m} t_i + \frac{1}{n}(\Delta P_k + K_Q \Delta Q_k)\sum_{i=1}^{m}\left(\frac{S_i}{S_N}\right)^2 t_i \ \text{kW·h}$$

$$\Delta Q_0 = \frac{I_0\%}{100} S_N$$

$$\Delta Q_k = \frac{u_k\%}{100} S_N \tag{1-18}$$

式中，n 为相同变压器的台数；S_N 变压器的额定容量，单位为 kV · A；ΔP_0、ΔP_k 为一台变压器的空载、短路有功损耗，单位为 kW；ΔQ_0、ΔQ_k 为一台变压器的空载、短路无功损耗，单位为 kvar；S_i 为在 t_i 小时内 m 台变压器的总负荷，单位为 kV · A；t_i 为对应于负荷 S_i 的运行时间，其中 i=1、2、…、m，而 $\sum_{i=1}^{m} t_i$ 为全年实际运行时间，单位为 h；K_Q 为无功当量，即变压器每损耗 1 kvar 的无功功率，在电力系统中所引起的有功功率损耗的增加值（kW），一般发电厂取 0.02 ~ 0.04，变电所取 0.07 ~ 0.1（二次变压取下限，三次变压取上限），单位为 kW/ kvar；I_0 为一台变压器的空载电流百分数；U_k 为一台变压器的短路电压百分数。

（2）对三绕组变压器，当容量比为100/100/100、100/100/50、100/50/50时，其ΔA为

$$\Delta A = n(\Delta P_0 + K_Q \Delta Q_0)\sum_{i=1}^{m} t_i + \frac{1}{2n}(\Delta P_k + K_Q \Delta Q_k)\sum_{i=1}^{m}(\frac{S_{i1}^2}{S_N^2} + \frac{S_{i2}^2}{S_N S_{N2}} + \frac{S_{i3}^2}{S_N S_{N3}})t_i \qquad (1\text{-}19)$$

式中，S_{N2}、S_{N3}为第2、3绕组的额定容量，单位为kV·A；S_{i1}、S_{i2}、S_{i3}为在t_1小时内n台变压器第1、2、3侧的总负荷，单位为kV·A。

100/100/100和100/100/50的额定损耗是在第二绕组带额定负荷、第三绕组开路的情况下计算的；100/50/50的额定损耗是在第二、三绕组各带1/2负荷（$1/2S_N$）的情况下计算的。其他参数含义同上。

3. 经济比较方法。在参加经济比较的各方案中，O和U均为最小的方案应优先选用。如果不存在这种情况，即虽然某方案的O为最小，但其U不是最小，或反之，则应进一步进行经济比较。我国采用的经济比较方法有下述两类。

（1）静态比较法：静态比较法是以设备、材料和人工的经济价值固定不变为前提的，即不考虑建设期投资、运行期年运行费和效益的时间因素。它适合比较均采用一次性投资，并且装机程序相同，主体设备投入情况相近，装机过程在五年内完成的设计方案。其中，常用的是抵偿年限法。

设第一方案的综合投资O_1大，而年运行费U_1小；第二方案的综合投资O_{II}小，而年运行费U_{II}大。用抵偿年限T确定最优方案，即

$$T = \frac{O_1 - O_{II}}{U_{I} - U_1} \qquad (1\text{-}20)$$

式（1-20）表明，第一方案多投资的费用（分子）可以在T年内用少花费的年运行费（分母）予以抵偿。根据国家现阶段的经济政策，T以5年为限，即如果$T<5$年，选用O大的方案；如果$T>5$年，则选用O小的方案。

（2）动态比较法：动态比较法的依据是货币的经济价值随时间而改变，设备、材料和人工费用都随市场供求关系的变化而改变。一般，发电厂建设工期较长，各种费用的支付时间不同，发挥的效益也不同。所以，对建设期的投资、运行期的年费用和效益都要考虑时间因素，并按复利计算，用以比较在同等可比条件下的不同方案的经济效益。所谓同等可比条件，就是不同方案的发电量、出力等效益相同；电能质量、供电可靠性和提供时间能同等程度地满足系统或用户的

需要；设备供应和工程技术现实可行；各方案用同一时间的价格指标，经济计算年限相同等。

电力工业推荐采用最小年费用法进行动态经济比较，年费用 AC 最小者为最佳方案。其计算方法是把工程施工期间各年的投资、部分投产及全部投产后各年的年运行费都折算到施工结束年，并按复利计算。

折算到第 m 年（施工结束年）的总投资 O（即第 m 年的本利和）为

$$O=\sum_{i=1}^{m}O_x(1+r_0)^{m-t}\text{万元} \tag{1-21}$$

式中，t 为从工程开工这一年算起的年份（即开始投资年份），t=1 ~ m，即分期投资；M 为工程施工结束（即全部投产）年份；O_x 为第 t 年的投资，单位为万元；r_0 为电力工业投资回收率，或称利润率，目前取 0.1。$(1+r_0)^{m-t}$ 称为整体本利和系数。

折算到第 m 年的年运行费 U 为

$$U=\frac{r_0(1+r_0)^n}{(1+r_0)^n-1}\left[\sum_{t=t'}^{m}U_t(1+r_0)^{m-t}+\sum_{t=m+1}^{m-n}\frac{U_t}{(1+r_0)^{t-m}}\right]\text{万元} \tag{1-22}$$

式中，t' 为工程部分投产年份；U_t 为第 t 年所需的年运行费，单位为万元；n 为电力工程的经济使用年限，其中水电厂取 50 年，火电厂和核电厂取 25 年，输变电取 20 ~ 25 年，单位为年。

式（1-22）的第一项：$t=t'$ ~ m，即从工程部分投产的第 t' 年到施工结束的第 m 年，各年的年运行费折算到第 m 年的值，称资金的现在值换算为等值的将来值；第二项 $t=m+1$ ~ $m+n$，即从工程全部投产后的第 m+1 年到寿命结束的第 $m+n$ 年，各年的年运行费折算到第 m 年的值，称资金的将来值换算为等值的现在值，$\frac{1}{(1+r_0)^{t-m}}$ 称整付现在值系数，即，若第 $t-m$ 年需要的年运行费为 U_t，则现在（第 m 年）只需付给 $\frac{U_t}{(1+r_0)^{t-m}}$。

年费用 AC（平均分布在第 m+1 到第 $m+n$ 年期间的 n 年内）为

$$AC = \left[\frac{r_0(1+r_0)^n}{(1+r_0)^n - 1} \right] O + U \tag{1-23}$$

式中，第一项的系数，称为投资回收系数。AC 最小的方案为经济上最优的方案。

（五）对最优方案进一步设计

1. 进行短路电流计算（见《电力系统分析》），为合理选择电气设备提供依据。

2. 选择、校验主要电气设备。

3. 绘制电气主接线图、部分施工图，撰写技术说明书和计算书。

第二章　电气设备的选择

电气设备的选择是发电厂和变电所电气部分设计的重要内容之一。如何正确地选择电气设备，将直接影响电气主接线和配电装置的安全及经济运行。因此，在进行设备选择时，必须执行国家的有关技术经济政策，在保证安全、可靠的前提下，力争做到技术先进、经济合理、运行方便和留有适当的发展余地，以满足电力系统安全、经济运行的需要。

学习本章时应注意把基本理论与工程实践结合起来，在熟悉各种电气设备性能的基础上，通过实例来掌握各种电气设备的选择方法。

第一节　电气设备选择的一般条件

由于电力系统中各电气设备的用途和工作条件不同，它们的选择方法也不尽相同，但其基本要求却是相同的。即，电气设备要能可靠地工作，必须按正常工作条件进行选择，按短路条件校验其动、热稳定性。

一、按正常工作条件选择

导体和电器的正常工作条件包括额定电压、额定电流和自然环境条件等三个方面。

（一）额定电压

一定额定电压的高压电器，其绝缘部分应能长期承受相应的最高工作电压。由于电网调压或负荷的变化，使电网的运行电压常高于电网的额定电压。因此，所选导体和电器的允许最高工作电压应不低于所连接电网的最高运行电压。

当导体和电器的额定电压为 U_N 时，导体和电器的最高工作电压一般为

（1.1 ~ 1.15）U_N；而实际电网的最高运行电压一般不超过 1.1U_N。因此，在选择设备时一般按照导体和电器的额定电压 U_N 不低于安装地点电网额定电压 U_{NS} 的条件进行选择，即

$$U_N \geqslant U_{NS} \tag{2-1}$$

（二）额定电流

在规定的周围环境温度下，导体和电器的额定电流 I_N 应不小于流过设备的最大持续工作电流即

$$I_N \geqslant I_{max} \tag{2-2}$$

由于发电机、调相机和变压器在电压降低 5% 时出力保持不变，其相应回路的最大持续工作电流 I_{max}=1.05I_N（I_N 为发电机的额定电流）；母联断路器和母线分段断路器回路的最大持续工作电流 I_{max}，一般取该母线上最大一台发电机或一组变压器的 I_{max}；母线分段电抗器回路的 I_{max}，按母线上事故切除最大一台发电机时，这台发电机额定电流的 50% ~ 80% 计算；馈电线回路的 I_{max}，除考虑线路正常负荷电流外，还应包括线路损耗和事故时转移过来的负荷。

此外，还应根据装置地点、使用条件、检修和运行等要求，对导体和电器进行型式选择。

（三）自然环境条件

选择导体和电器时，应按当地环境条件校核它们的基本使用条件。当气温、风速、湿度、污秽等级、海拔高度、地震烈度、覆冰厚度等环境条件超出一般电器的规定使用条件时，应向制造部门提出补充要求或采取相应的防护措施。例如，当电气设备布置在制造部门规定的海拔高度以上地区时，由于环境条件变化的影响，引起电气设备所允许的最高工作电压下降，需要进行校正。一般地，若海拔范围在 1000 ~ 3500 m 以内，则每当海拔高度比厂家规定值升高 100 m 时，最高工作电压下降 1%。因此，在海拔高度超过 1000 m 的地区，应选用高原型产品或选用外绝缘提高一级的产品。目前，110 kV 及以下电器的外绝缘普遍具有一定裕度，故可在海拔 2000 m 以下的地区使用。

当周围介质温度 θ_0 和导体（或电器）额定环境温度 θ_{0N} 不同时。导体（或电器）的额定电流 I_N 可按式（2-3）进行修正，即

$$I_N' = I_N\sqrt{\frac{\theta_N-\theta_0}{\theta_N-\theta_{0N}}} = K_\theta I_N \tag{2-3}$$

式中，$K_\theta=\sqrt{\frac{\theta_N-\theta_0}{\theta_N-\theta_{0N}}}$ 为周围介质温度修正系数；I'_N 为对应于导体（或电器）正常最高容许温度 θ_{0N} 和实际周围介质温度 θ_0 的容许电流，A；θ_N 为导体（或电器）的正常最高容许温度。

目前我国生产电器的额定环境温度（θ_{0N}）为 +40 ℃。当这些电器使用在环境温度高于 +40 ℃(但不高于 +60 ℃）的地区时，该地区的环境温度每增加 1 ℃，电器的额定电流减少 1.8%；当使用在环境温度低于 +40 ℃时，该地区的环境温度每降低 1 ℃，电器的额定电流增加 0.5%，但最大不得超过额定电流的 20%。

我国生产的裸导体在空气中的额定环境温度（θ_{0N}）为 25 ℃，当装置地点环境温度在 −5 ~ +50 ℃范围内变化时，导体的额定载流量可按式（2-3）修正。

二、按短路条件校验

（一）按短路热稳定校验

短路热稳定校验就是要求所选择的导体和电器，当短路电流通过时其最高温度不超过导体和电器的短时发热最高允许温度，即

$$Q_d \leqslant Q_r \tag{2-4}$$

或

$$Q_d \geqslant I_x^2 t_r \tag{2-5}$$

式中，Q_d 为短路电流热效应；Q_r 为导体和电器允许的短时热效应；I_r 为时间内导体和电器允许通过的热稳定电流；t_r 为导体和电器的热稳定时间。

（二）短路动稳定校验

动稳定是指导体和电器承受短路电流机械效应的能力，满足动稳定的条件为

$$i_{es} \geqslant i_{sh} \tag{2-6}$$

或

$$I_{es} \geqslant i_{sh} \tag{2-7}$$

式中，i_{sh}、I_{sh} 为短路冲击电流幅值及有效值；i_{es}、I_{es} 为导体和电器允许通过

的动稳定电流的幅值及有效值。

（三）短路电流的计算条件

为使所选导体和电器具有足够的可靠性、经济性和合理性，并在一定的时期内适应电力系统的发展需要，对导体和电器进行校验用的短路电流应满足以下条件。

1. 计算时应按本工程设计的规划容量计算，并考虑电力系统的远景发展规划（一般考虑本工程建成后 5 ~ 10 年）。所用接线方式，应按可能发生最大短路电流的正常接线方式，而不应按仅在切换过程中可能并列运行的接线方式。

2. 短路的种类可按三相短路考虑。若发电机出口的短路，或中性点直接接地系统及自耦变压器等回路中的单相、两相接地短路较三相短路严重时，则应按严重情况验算。

3. 短路计算点应选择在正常接线方式下，通过导体或电器的短路电流为最大的地点。但对于带电抗器的 6 ~ 10 kV 出线及厂用分支线回路，在选择母线至母线隔离开关之间的引线、套管时，计算短路点应该取在电抗器前。选择其余的导体和电器时，计算短路点一般取在电抗器后。

（四）短路计算时间

校验短路热稳定和开断电流时，还必须合理地确定短路计算时间 t_k。短路计算时间 t_k 为继电保护动作时间 t_{pr} 和相应断路器的全分闸时间 t_{ab} 之和，即

$$t_k = t_{pr} + t_{ab} \tag{2-8}$$

式中，t_{ab} 为断路器的固有分闸时间和燃弧时间之和。

在验算裸导体的短路热效应时，宜采用主保护动作时间。若主保持有死区，则应采用能对该死区起作用的后备保护动作时间，并采用相应处的短路电流值。在验算电器的短路热效应时，宜采用后备保护动作时间。

对于开断电器（如断路器、熔断器等），应能在最严重的情况下开断短路电流。故电器的开断计算时间 t_{ab} 是从短路瞬间开始到断路器灭弧触头分离的时间。其中包括主保护动作时间 t_{pr1} 和断路器固有分闸时间 t_{in} 之和，即

$$t_{ab} = t_{pr1} + t_{in} \tag{2-9}$$

第二节　母线和电缆的选择

一、母线的选择

配电装置中的母线，应根据具体使用情况按下列条件选择和校验。

1. 母线材料、截面形状和布置方式。

2. 母线截面尺寸。

3. 电晕。

4. 热稳定。

5. 动稳定。

6. 共振频率。

（一）母线材料、截面形状和布置方式选择

母线一般由导电率高的铝、铜型材制成。由于铝的成本低，现在除持续工作电流较大且位置特别狭窄的发电机、变压器出线端部，或采用硬铝导体穿墙套管有困难以及对铝有较严重腐蚀的场所采用铜母线外，其他普遍使用铝母线。

常用的硬母线截面形状为矩形、槽形和管形。矩形截面的优点是散热面大，并且便于固定和连接，但电流的集肤效应强烈。我国最大的单片矩形母线承载的工作电流约为 2 kA。当工作电流较大时，可采用 2 ~ 4 片组成的多条矩形母线。但是受邻近效应的影响，4 片矩形母线的载流能力一般不超过 6 kA。因此，矩形母线常被用于容量为 50 MW 及以下的发电机或容量为 60 MW 及以下的降压变压器 10.5 kV 侧的引出线及其配电装置。槽形截面母线具有机械强度好、载流量大、集肤效应小的特点。当回路正常工作电流在 4 ~ 8 kA 时，一般选用槽形母线。管形母线同样具有机械强度高、集肤效应小的优点，且其电晕放电电压较高，管内可通风或通水进行冷却，从而使载流量增大。因此，管形母线可用于 8 kA 以上的大电流母线和 110 kV 及以上的配电装置母线。

母线的散热条件和机械强度与母线的布置方式有关。母线按照其布置方式可分为支持式和悬挂式。支持式是用适合母线工作电压的支持绝缘子把母线固定在钢构架或墙板等建筑物上。常见的布置方式有水平布置、垂直布置和三角形布置。悬挂式是用悬垂绝缘子把母线吊挂在建筑物上。常见的布置方式为三相垂直排列、水平排列和等边三角形排列。矩形母线的布置方式有以下方式：①水平布置，母线竖放；②水平布置，母线平放；③垂直布置，母线竖放。其中①和②相比，①散热条件好、载流量大，但机械强度差；而②则相反。③兼顾了①和②的优点，但增加了配电装置的高度。因此，母线的布置方式应综合考虑载流量的大小、短路电流的大小和配电装置的具体情况确定。

（二）母线截面尺寸选择

1. 为了保证母线的长期安全运行，母线导体在额定环境温度 θ_{0N} 和导体正常发热允许最高温度 θ_N 下的允许电流 I_N，经过修正后的数值应大于或等于流过导体的最大持续工作电流 I_{max}，即

$$I_{max} \leqslant KI_N \tag{2-10}$$

式中，K 为综合修正系数（K 值与海拔高度、环境温度和邻近效应等因素有关，可查阅有关手册）。

2. 为了考虑母线长期运行的经济性，除了配电装置的汇流母线以及断续运行或长度在 20 m 以下的母线外，一般均应按经济电流密度选择导体的截面，这样可使年计算费用最低。经济电流密度的大小与导体的种类和最大负荷年利用小时数 T_{max} 有关。导体的经济截面 S_j 计算公式为

$$S_j = \frac{I'_{max}}{j} \mathrm{mm}^2 \tag{2-11}$$

式中，I'_{max} 为正常工作时的最大持续工作电流，单位为 A；j 为经济电流密度，单位为 A/mm^2。

由于按经济电流密度选择的截面积是在总费用的最低点，在该点附近总费用随截面积变化不明显。因此，选择时如果导体截面积无合适的数值时，允许选用略小于按经济电流密度求得的截面积。

（三）电晕电压校验

电晕放电会造成电晕损耗、无线电干扰、噪音和金属腐蚀等许多危害。因

此，110 ~ 220 kV 裸母线晴天不发生可见电晕的条件是：电晕临界电压应大于最高工作电压 U_{max} 即

$$U_{cr} > U_{max} \tag{2-12}$$

对于 330 ~ 500 kV 的超高压配电装置，电晕是选择导线的控制条件。要求在 1.1 倍最高工作相电压下，晴天夜晚不应出现可见电晕。选择母线时应综合考虑导体直径、分裂间距和相间距离等条件，经过技术经济比较，确定最佳方案。

（四）热稳定校验

选择导体截面 S 后，还应校验其在短路条件下的热稳定。裸导体热稳定校验公式为

$$S \geqslant S_{min}$$

$$S_{min} = \sqrt{\frac{Q_k K_s}{A_f - A_i}} = \frac{\sqrt{Q_k K_s}}{C}\ \mathrm{mm^2} \tag{2-13}$$

式中，S 为所选导体截面，mm^2；S_{min} 为根据热稳定条件决定的导体最小允许截面，mm^2；Q_k 为短路电流热效应；K_s 为集肤效应系数；C 为热稳定系数，其值与材料及发热温度有关。

（五）动稳定校验

由于硬母线都安装在支持绝缘子上，当短路冲击电流通过母线时，电动力将使母线产生弯曲应力。因此，母线应进行短路机械强度计算。

单条母线应力计算的方法如下。

按照母线与绝缘子、金具的连接特点，母线的每个支持点都属于简支。在跨数很多、母线所受载荷是同向均匀分布电动力的情况下，可以把母线作为自由支承在绝缘子上的多跨距、载荷均匀分布的连续梁来考虑。在电动力的作用下，当跨距数大于 2 时，母线所受的最大弯矩为

$$M = \frac{fL^2}{I0}\ \mathrm{N \cdot m} \tag{2-14}$$

式中，f 为单位长度母线上所受最大相间电动力，N/m；L 为母线支持绝缘子之间的跨距，m。

当跨距数等于 2 时，母线所受最大弯矩为

$$M = \frac{fL^2}{8} \tag{2-15}$$

母线最大相间计算弯曲应力为

$$\sigma_{\max} = \sigma_{ph} = \frac{M_{ph}}{W_{ph}} \tag{2-16}$$

式中，M_{ph} 为母线对垂直于作用力方向轴的截面系数（或称抗弯矩）。矩形母线按水平布置，母线竖放布置时，W_{ph}=b^{2}h/6m^3；按水平布置，母线平放；垂直布置，母线竖放布置时，W_{ph}=b^{2}h/6m^3。

当三相母线水平布置且相间距离为 a（单位为 m）时，三相短路的最大电动力为

$$f_{ph} = 1.73 \times 10^{-7} \frac{1}{a} i_{sh}^2 \beta \mathrm{N/m} \tag{2-17}$$

式中，i_{sh} 为三相短路冲击电流值，单位为 A。

由式（2-17）可求出一单位长度母线上所受最大短路电动力。由式（2-14）、式（2-16）、式（2-17）可得

$$\sigma_{\max} = \sigma_{ph} = \frac{M_{ph}}{W_{ph}} = \frac{f_{ph}L^2}{10W_{ph}} \mathrm{Pa} \tag{2-18}$$

若按式（2-18）求出的母线最大相间计算应力不超过母线材料的允许应力 σ_{a1}，即

$$\sigma_{\max} \leqslant \sigma_{s1} \mathrm{Pa} \tag{2-19}$$

则认为母线的动稳定是满足要求的。

在设计中，常根据母线材料的最大允许应力 σ 来决定绝缘子间的最大允许跨距 $L_{\max}$，由式（2-14）、式（2-16）、式（2-19）可得

$$L_{\max} = \sqrt{\frac{10\sigma_{s1}W_{ph}}{f_{ph}}} \tag{2-20}$$

计算得到的可能较大，为了避免水平放置的母线因自重而过分弯曲，所选择的跨距一般不超过 1.5 ～ 2 m。为便于安装绝缘子支座及引下线，最好选取跨距

等于配电装置的间隔宽度。

当每相为多条导体时，导体除受到相间作用力外，还受到同相条间的作用力。

1. 相间应力 σ_{ph} 的计算。相间应力 σ_{ph} 仍按式（2–18）计算，但式中的 W_{ph} 为相应条数和布置方式的截面系数。

2. 同相条间应力 σ_b 的计算。由于同相的条间距离很近，σ_b 通常很大。为了减小 σ_b，在同相各条导体间每隔 30 ~ 50 cm 设一衬垫。同相中，边条导体所受的条间作用力最大。边条导体所受的最大弯矩为

$$M_b = \frac{f_b L_b^2}{12} \ \text{N/m} \tag{2-21}$$

式中，f_b 为单位长度导体上所受到的条间电动力，N/m；L_b 为衬垫跨距（相邻两衬垫间的距离），m。f_b 按式（4–29）计算，式中的 a 取条间距离。由于条间距离很小，计算 f_b 时应考虑电流在条间的分配及形状系数 K_f。

当每相为两条导体时，a=2b，并认为相电流在两条间平均分配。即

$$f_b = 2\times10^{-7}\frac{(0.5i_{sh})}{2b}K_{12} = 0.25\times10^{-7}\frac{i_{sh}^2}{b}K_{12}\ \text{N/m} \tag{2-22}$$

当每相为三条导体时，1、2 条间距离为 a=2b，1、3 条间距离为 a=4b，并认为两边条各通过相电流的 40%，中间条通过相电流的 20%。即

$$\begin{aligned} f_b &= 2\times10^{-7}\frac{(0.4i_{sh})\times(0.2i_{sh})}{2b}K_{12} + 2\times10^{-7}\frac{(0.4i_{sh})^2}{4b}K_{13} \\ &= 0.08\times10^{-7}\frac{i_{sh}^2}{b}(K_{12}+K_{13})\text{N/m} \end{aligned} \tag{2-23}$$

式（2–22）和式（2–23）中，K_{12}、K_{13} 分别为第 1、2 条和第 3、4 条导体的截面形状系数。先计算 b/h 及 $a-b/(h+b)$，得

$$\sigma_b = \frac{M_b}{W_b} = \frac{f_b L_b^{\ 2}}{2b^2 h}\ \text{Pa} \tag{2-24}$$

同样，L_b 愈大，σ_b 愈大。在计算 σ_{ph} 的基础上，计算满足动稳定要求的最大允许衬垫跨距 $L_{b\max}$。令 $\sigma_{\max} = \sigma_{ph} + \sigma_b = \sigma_{a1}$，即 $\sigma_b = \sigma_{a1} - \sigma_{ph}$，代入式（2–24）得

$$L_{b\max} = b\sqrt{\frac{2h(\sigma_{a1} - \sigma_{ph})}{f_b}} \tag{2-25}$$

设 $L/L_{\max} = C_1$，C_1 一般为小数，设其整数部分为 n，则不管小数点后面是多少，n+1 即为每跨内满足动稳定所必须用的最少衬垫数（例如 C_1=2.8，取 n=2）。因为，实际上 $L_b=L/(n+1)$，$n+1 > C_1$，所以 $L_b < L_{b\max}$，从而满足动稳定要求。

另外，当 L_b 较大时，在条间作用力 f_h 作用下，同相的各条导体可能因弯曲而互相接触。为防止这种现象发生，要求 L_b 必须小于另一个允许的最大跨距一临界跨距 L_{cr}。L_{cr} 可由式（2-26）计算，即

$$L_{cr} = \lambda b \sqrt[4]{\frac{h}{f_b}}\ \mathrm{m} \tag{2-26}$$

式中，λ 为系数。每相为两条导体时铜的系数为 1144，铝为 1003；每相为三条导体时铜的系数为 1355，铝为 1197。

（六）母线共振的校验

如果母线的固有振动频率与短路电动力交流分量的频率相近以至发生共振，则母线导体的动态应力将比不发生共振时的应力大得多，这可能使得母线导体以及支持结构的设计和选择发生困难。此外，正常运行时若发生共振，会引起过大的噪音，干扰运行。因此，母线应尽量避免共振。为了避开共振和校验机械强度，对于重要回路（如发电机、变压器及汇流母线等）的母线应进行共振校验。

母线的一阶固有频率为

$$f_1 = \frac{N_f}{L^2}\sqrt{\frac{EI}{m}} \tag{2-27}$$

式中，L 为母线绝缘子之间的跨距，单位为 m；E 为导体材料的弹性模量，单位为 N/m^2；I 为导体截面的惯性矩，单位为 m^4；m 为单位长度母线导体的质量，单位为 kg/m；N_f 为频率系数，与母线的连接跨数和支承方式有关。

为了避免导体产生危险的共振，对于重要回路的母线，应使其固有振动频率在下述范围以外。

1. 单条母线及母线组中各单条母线：35 ～ 150 Hz。

2. 对于多条母线组及带引下线的单条母线：35 ～ 155 Hz。

3. 对于槽形母线和管形母线：30 ~ 160 Hz。

当母线固有振动频率无法限制在共振频率范围之外时，母线受力计算必须乘以振动系数 β。

若已知母线的材料形状、布置方式和应避开共振的固有振动频率 f_0（一般 f_0=200 Hz），则可由式（2-28）算出母线不发生共振时绝缘子间的最大允许跨距，即

$$L_{max}=\sqrt{\frac{N_f}{f_0}\sqrt{\frac{EI}{m}}}\ \mathrm{m} \tag{2-28}$$

注意，如选择的绝缘子跨距小于 L_{max}，则 β=1。

二、电缆的选择与校验

（一）按结构类型选择电力电缆

根据电力电缆的用途、敷设方法和使用场所，选择电力电缆的芯数、芯线的材料、绝缘的种类、保护层的结构以及电缆的其他特征，最后确定电力电缆的型号。

（二）按电压选择

要求电力电缆的额定电压不小于安装地点的最大工作电压 U_{max}，即

$$U_N \geqslant U_{max} \tag{2-29}$$

（三）按最大持续工作电流选择电缆截面

在正常工作时，电缆的长期允许发热温度氏决定子电缆芯线的绝缘、电缆的电压和结构等。如果电缆的长期发热温度过久时，电缆的绝缘强度将很快降低，可能引起芯线与金属外皮之间的绝缘击穿。电缆的长期允许电流 I_N 就是根据这一长期允许发热温度和周围介质的计算温度 θ_{0N} 来决定的。要使电缆的正常发热温度不超过其长期允许发热温度，必须满足下列条件：

$$I_{max} \leqslant kI_N \tag{2-30}$$

式中，I_{max} 为电缆电路中长期通过的最大工作电流；I_N 为电缆的长期允许电流；k 为综合修正系数，与环境温度、敷设方式及土壤热阻有关。

（四）按经济电流密度选择电缆截面

对于发电机、变压器回路，当其最大负荷利用小时数超过 5 000 h/ 年，且长度超过 20 m 时，应按经济电流密度选择电缆截面，并按最大长期工作电流进行校验。

按经济电流密度选出的电缆，还应确定经济合理的电缆根数。一般情况下，电缆截面在 150 mm^2 以下时，其经济根数为一根。当截面 S 大于 150 mm^2 时。其经济根数可按 S/150 决定。若电缆截面比一根 150 mm^2 的电缆大，但又比两根 150 mm^2 的电缆小时，通常宜采用两根 120 mm^2 的电缆。

（五）按短路热稳定校验电缆截面

满足热稳定要求的最小电缆截面为

$$S_{\min}=\frac{\sqrt{Q_k}}{C} \tag{2-31}$$

式中，Q_k 为短路电流热效应，A^2 · s；C 为热稳定系数，它与电缆类型、额定电压及短路允许最高温度有关。

（六）电压损失校验

当电缆用于远距离输电时，还应对其进行允许电压损失校验。电缆电压损失的校验公式为

$$\Delta U\%=\frac{\sqrt{3}I_{\max}\rho L\times 100}{U_N S} \tag{2-32}$$

式中，ρ 为电缆导体的电阻率，Ω · mm^2/m；L 为电缆长度，m；U_N 为电缆额定电压，V；S 为电缆截面，mm^2；$I_{\max}$ 为电缆的最大长期工作电流，A。

第三节　高压断路器、隔离开关及高压路断器的选择

一、高压断路器的选择

高压断路器按下列项目选择和校验。

1. 型式和种类。

2. 额定电压。

3. 额定电流。

4. 开断电流。

5. 额定关合电流。

6. 动稳定。

7. 热稳定。

（一）按种类和型式选择

高压断路器的种类和型式的选择，除满足各项技术条件和环境条件外，还应考虑便于安装调试和运行维护的问题，然后经技术经济比较后才能确定。根据我国当前生产制造情况。电压 6 ~ 220 kV 的电网可选用少油断路器、真空断路器和六氟化硫断路器；330 ~ 500 kV 电网一般采用六氟化硫断路器。采用封闭母线的大容量机组，当需要装设断路器时，应选用发电机专用断路器。

（二）按额定电压选择

高压断路器的额定电压 U_N 应大于或等于所在电网的额定电压 U_{NS}，即

$$U_N \geqslant U_{NS} \tag{2-33}$$

（三）按额定电流选择

高压断路器的额定电流 I_N 应大于或等于流过它的最大持续工作电流 I_{max}，即

$$I_N \geqslant I_{\max} \tag{2-34}$$

当断路器使用的环境温度不等于设备最高允许环境温度时，应对断路器的额定电流进行修正。

（四）按额定短路开断电流选择

在给定的电网电压下，高压断路器的额定短路开断电流 I_{Nbr} 应满足

$$I_{Nbr} \geqslant I_{zt} \tag{2-35}$$

式中，I_{zt} 为断路器实际开断时间 t_k 的短路电流周期分量有效值。

断路器的实际开断时间 t_k 等于继电保护主保护动作时间与断路器的固有分闸时间之和。

对于设有快速保护的高速断路器，其开断时间小于 0.1 s，当在电源附近短路时，短路电流的非周期分量可能超过周期分量幅值的 20%，因此，其开断电流应计及非周期分量的影响，取短路全电流有效值 I_k 进行校验。

装有自动重合闸装置的断路器，应考虑重合闸对额定开断电流的影响。

（五）按额定短路关合电流选择

在断路器合闸之前，若线路上已存在短路故障，则在断路器合闸过程中，触头间在未接触时即有很大的短路电流通过（预击穿），更易发生触头熔焊和遭受电动力的破坏。且断路器在关合短路电流时，不可避免地在接通后又自动跳闸，此时要求能切断短路电流。为了保证断路器在关合短路时的安全，断路器的额定短路关合电流应不小于短路冲击电流幅值 i_{sh}，即

$$i_{Nc1} \geqslant i_{sh} \tag{2-36}$$

（六）动稳定校验

高压断路器的额定峰值耐受电流 i_{es} 应不小于三相短路时通过断路器的短路冲击电流幅值 i_{sh}，即

$$i_{es} \geqslant i_{sh} \tag{2-37}$$

（七）热稳定校验

高压断路器的额定短时耐受热量 $I_t^2 t$ 应不小于短路期内短路电流热效应 Q_k，即

$$I_t^2 t \geqslant Q_k \tag{2-38}$$

二、隔离开关的选择

隔离开关应根据下列条件选择。

1. 型式和种类。
2. 额定电压。
3. 额定电流。
4. 动稳定。
5. 热稳定。

隔离开关的型式和种类的选择应根据配电装置的布置特点和使用条件等因素，进行综合技术经济比较后确定。其他四项技术条件与高压断路器相同，此处不再赘述。

三、高压熔断器的选择

高压熔断器应根据下列条件选择。

1. 额定电压。
2. 额定电流。
3. 开断电流。
4. 保护熔断特性。

（一）按额定电压选择

熔断器的额定电压应不小于所在电网的额定电压。但对于限流式高压熔断器，则只能用在等于其额定电压的电网中。这是因为限流式熔断器熔断时有过电压发生。如果将它用在低于其额定电压的电网中，则过电压可能达到 3.5 ~ 4 倍的电网相电压，从而超过电网的绝缘水平造成危险。

（二）按额定电流选择

要求熔断器必须符合下列条件，即

$$I_{NRg} \geqslant I_{NRr} \geqslant I_{\max} \tag{2-39}$$

式中，I_{NRg} 为熔断器熔管的额定电流；I_{NRr} 为熔断器熔件的额定电流；$I_{\max}$ 为流过熔断器的最大长期工作电流。

熔件的额定电流还应按高压熔断器的保护熔断特性选择，即达到选择性熔断的要求。同时，还应考虑熔断器在运行中可能通过的冲击电流（如变压器励磁涌流，保护范围以外的短路电流、电动机自启动电流及补偿电容器组的涌流电流等）作用下，不致误熔断。

（三）按开断电流校验

按开断电流选择时，要求熔断器的额定开断电流 I_{NRr} 应不小于三相短路冲击电流的有效值 I_{sh}（或 I''），即

$$I_{NRr} \geqslant I_{sh}(I'') \tag{2-40}$$

对于非限流式熔断器，选择时用冲击电流有效值 I_{sh} 进行校验；对于限流式熔断器，由于在电流通过最大值之前电路已截断，故可采用三相短路次暂态电流有效值 I'' 进行校验。

（四）按保护熔断特性校验

根据保护动作选择性的要求校验熔件的额定电流，使其保证前后两级熔断器之间或熔断器与电源侧（或负荷侧）继电保护之间动作的选择性。各种熔件的熔断时间与通过熔件的短路电流的关系曲线，由制造厂提供。此外，保护电压互感器用的熔断器，只需按额定电压和开断电流选择。

第四节　限流电抗器的选择

电力系统中使用的电抗器，分为普通电抗器和分裂电抗器两种。普通型电抗器一般装设在发电厂馈电线路或发电机电压母线的分段上。分裂电抗器常装设在负荷平衡的双回馈电线、变压器的低压侧以及发电机回路上。两者的选择方法原则上是相同的。一般按下列项目选择和校验。

1. 额定电压。

2. 额定电流。

3. 电抗百分数。

4. 动稳定。

5. 热稳定。

一、按额定电压选择

电抗器的额定电压 U_N 应大于或等于所在电网的额定电压 U_{NS}，即

$$U_N \geqslant U_{NS} \tag{2-41}$$

二、按额定电流选择

电抗器的额定电流 I_N 应大于或等于通过它的最大持续工作电流 I_{max}，即

$$I_N \geqslant I_{max} \tag{2-42}$$

对于母线分段电抗器的最大持续工作电流，应根据母线上事故切除最大一台发电机时，可能通过电抗器的电流选择，一般取该台发电机额定电流的50% ~ 80%。

对于分裂电抗器，当用于发电厂的发电机或主变压器回路时，其最大工作电流一般按发电机或主变压器额定电流的 70% 选择；当用于变电所主变压器回路时，应按负荷电流大的一臂中通过的最大负荷电流选择。当无负荷资料时，可按主变压器额定电流的 70% 选择。

三、按电抗百分数选择

（一）普通电抗器电抗百分数的选择

1. 按将短路电流限制到要求值选择。设要求将短路电流限制到 I''，则短路回路总电抗的标么值 $X_{*\Sigma}$ 为

$$X_{*\Sigma}=\frac{I_B}{I''} \tag{2-43}$$

式中，I_B 为基准电流，kA；I'' 为次暂态短路电流周期分量有效值，kA。

所需电抗器的基准电抗标么值应为

$$X_{*R}=X_{*\Sigma}-X'_{*\Sigma}=\frac{I_B}{I''}-X'_{*\Sigma} \tag{2-44}$$

式中，$X'_{*\Sigma}$ 为电源至电抗器前的系统电抗标么值；$X_{*\Sigma}$ 为电源至电抗器后的系统电抗标么值。

电抗器在额定参数条件下的百分比电抗为

$$X_R\% = X_{*R}\frac{I_e U_B}{I_B U_e}\times 100\% \qquad (2\text{-}45)$$

$$X_R\% = \left(\frac{I_B}{I''} - X'_{*\Sigma}\right)\frac{I_e U_B}{I_B U_e}\times 100\% \qquad (2\text{-}46)$$

式中，U_B 为基准电压，单位为 kV。

2. 按电压损失校验。普通电抗器在正常工作时，其电压损失不得大于母线额定电压的对于出线电抗器尚应计及出线上的电压损失，即

$$\Delta U\% = X_R\%\frac{I_{\max}\sin\varphi}{I_e} \leqslant 5\% \qquad (2\text{-}47)$$

式中，φ 为负荷功率因数角，为方便计算，一般 $\cos\varphi$ 取 0.8。

3. 按母线残余电压校验。当出线电抗器未设置无时限继电保护时，应按在电抗器后发生短路，母线残余电压不低于额定值的 60% ~ 70% 校验。即

$$\Delta U_{cy}\% = X_R\%\frac{I''}{I_e} \geqslant 60\% \sim 70\% \qquad (2\text{-}48)$$

（二）分裂电抗器电抗百分数的选择

分裂电抗器的电抗百分数 $X_R\%$ 可按式（2-46）计算，但由于分裂电抗器的技术数据中只给出了单臂自感电抗 $X_L\%$；所以还应进行换算。$X_L\%$ 和 $X_R\%$ 之间的关系与电源连接方式及短路点的选择有关。分裂电抗器的接线如图 2-1 所示。

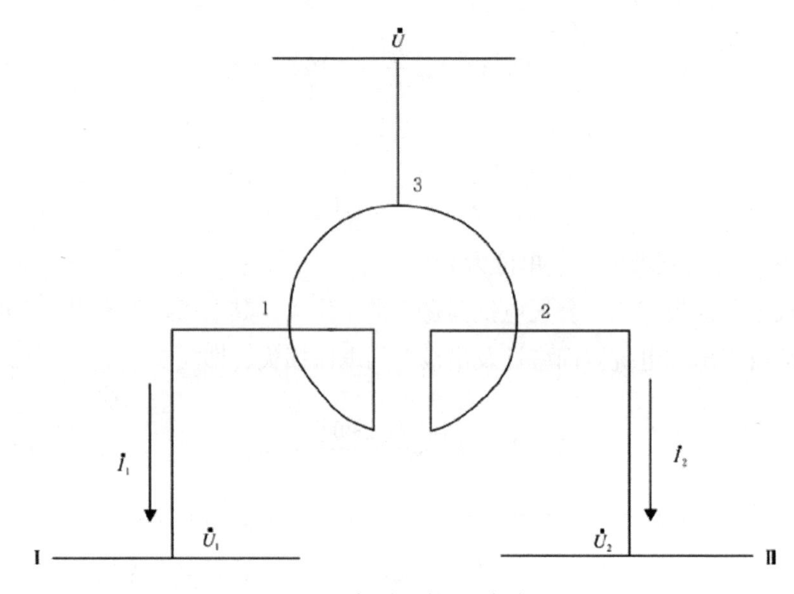

图2-1　分裂电抗器接线图

1. 当 3 侧有电源，1 侧和 2 侧无电源，而在 1 或 2 侧短路时，$X_L\%=X_R\%$。

2. 当 3 侧无电源，1 侧和 2 侧有电源，1（或 2）侧短路时，$X_R\%=2(1+f)X_L\%$。

3. 当 1 侧和 2 侧有电源，在 3 侧短路，或者三侧均有电源，而 3 侧短路时，$X_R\%=2(1-f)X_L\%/2$。

其中 f 为分裂电抗器的互感系数，当无制造部门资料时，一般取 0.5。在正常运行条件下，分裂电抗器的电压损失很小，但两臂负荷变化所引起的电压波动却很大，故要求正常工作时两臂母线电压波动不大于母线额定电压的 5%。考虑到电抗器的电阻很小，而且电压降是由电流的无功分量在电抗器的电抗中产生的，故母线 I 上的电压为

$$U_1=U-\sqrt{3}X_RI_1\sin\varphi_1+\sqrt{3}X_RfI_2\sin\varphi_2 \tag{2-49}$$

因为 $X_L=\dfrac{X_L\%}{100}\times\dfrac{U_e}{\sqrt{3}I_e}$ 代入式（2-49），得

$$U_1=U-\frac{X_L\%}{100}U_e\left(\frac{I_1}{I_e}\sin\varphi_1-f\frac{I_2}{I_e}\sin\varphi_2\right) \tag{2-50}$$

将式（2-50）除以U_e，可得Ⅰ段母线电压的百分数为

$$U_1\% = \frac{U}{U_e}\times 100 - X_L\%(\frac{I_1}{I_e}\sin\varphi_1 - f\frac{I_2}{I_e}\sin\varphi_2) \tag{2-51}$$

同理，可得Ⅱ段母线电压百分数为

$$U_2\% = \frac{U}{U_e}\times 100 - X_L\%(\frac{I_2}{I_e}\sin\varphi_2 - f\frac{I_1}{I_e}\sin\varphi_1) \tag{2-52}$$

式中，U_1、U_2为Ⅰ、Ⅱ段母线上电压；U为电源侧电压；I_1、I_2为Ⅰ、Ⅱ段母线上负荷电流，无资料时，可取一臂为70% I_N，另一臂为30% I_N；φ_1、φ_2为Ⅰ、Ⅱ段母线上的负荷功率因数角，一般可取$cos\varphi$=0.8；f为分裂电抗器的互感系数。

四、动稳定和热稳定校验

电抗器的热稳定校验应满足

$$I_\tau^2 t_r \geqslant Q_d \tag{2-53}$$

式中，Q_d为电抗器后短路时短路电流的热效应；I_τ为电抗器t_r（s）的热稳定电流；t_r为电抗器的热稳定时间。

电抗器的动稳定校验应满足

$$I_{es} \geqslant i_{sh} \tag{2-54}$$

式中，i_{sh}为电抗器后短路冲击电流；i_{sh}为电抗器的动稳定电流。

此外，由于分裂电抗器在两臂同时流过反向短路电流时的动稳定较弱，故对分裂电抗器应分别对单臂流过短路电流和两臂同时流过反向短路电流两种情况进行动稳定校验。在选择分裂电抗器时，还应考虑电抗器布置方式和进出线端子角度的选择。

第五节　互感器的选择

一、电流互感器的选择

（一）一次回路额定电压和电流的选择

一次回路额定电压和电流应满足电压、电流要求，即

$$U_N \geqslant U_{Ns}$$

$$I_{a1} = KI_{N1} \geqslant I_{\max}\ \mathrm{A}$$

式中，K 为温度修正系数；I_{N1} 为电流互感器一次额定电流，单位为 A。

（二）额定二次电流的选择

额定二次电流 I_{N2} 有 5A 和 1A 两种，一般弱电系统用 1A，强电系统用 5A。当配电装置距离控制室较远时，为使电流互感器能多带二次负荷或减小电缆截面，提高准确度，应尽量采用 1A。

（三）种类和型式选择

应根据安装地点（如屋内、屋外）、安装方式（如穿墙式、支持式、装入式等）及产品情况来选择电流互感器的种类和型式。

6 ~ 20 kV 屋内配电装置和高压开关柜，一般用 LA、LDZ、LFZ 型；发电机回路和 2000 A 以上回路一般用 LMZ、LAJ、LBJ 型等；35 kV 及以上配电装置一般用油浸瓷箱式结构的独立式电流互感器，常用 LCW 系列，在有条件，如回路中有变压器套管、穿墙套管时，应优先采用套管电流互感器，以节约投资和占地。选择母线式电流互感器时，应校核其窗口允许穿过的母线尺寸。当继电保护有特殊要求时，应采用专用的电流互感器。

（四）准确级选择

准确级是根据所供仪表和继电器的用途考虑。互感器的准确级不得低于所供

仪表的准确级；当所供仪表要求不同准确级时，应按其中要求准确级最高的仪表来确定电流互感器的准确级。

1. 用于测量精度要求较高的大容量发电机、变压器、系统干线和 500 kV 电压级的电流互感器，宜用 0.2 级。

2. 供重要回路（如发电机、调相机、变压器、厂用馈线、出线等）中的电能表和所有计费用的电能表的电流互感器，不应低于 0.5 级。

3. 供运行监视的电流表功率表、电能表的电流互感器，用 0.5 ~ 1 级。

4. 供估计被测数值的仪表的电流互感器，可用 3 级。

5. 供继电保护用的电流互感器，应用 D 级或 B 级（或新型号 P 级、TPY 级）。

至此，可初选出电流互感器的型号，由产品目录或手册查得其在相应准确级下的二次负荷额定阻抗 Z_{N2}、热稳定倍数 k_t 和动稳定倍数 K_{es}。

（五）按二次侧负荷选择

作出电流互感器回路的接线图，列表统计其二次侧每相仪表和继电器负荷，确定最大相负荷。设最大相总负荷为 S_2（包括仪表、继电器、连接导线和接触电阻），S_2 应不大于互感器在该准确级所规定的额定容量 S_{N2}，即

$$S_2 \leqslant S_{N2}\ \mathrm{V{\cdot}A} \tag{2-55}$$

而 $S_2 = I_{N2}^2 Z_{21}$、$S_{N2} = I_{N2}^2 Z_{N2}$，即应满足

$$Z_{21} \leqslant Z_{N2}\ \Omega \tag{2-56}$$

由于仪表和继电器的电流线圈及连接导线的电抗很小，可以忽略，只需计算电阻，即

$$Z_{21} = r_{ar} + r_1 + r_c\ \ \Omega \tag{2-57}$$

式中，Z_{21} 为二次总负荷阻抗；r_{ar} 为二次侧负荷最大相的仪表和继电器电流线圈的电阻，可由其功率 $P_{\max}$ 求得，即 $r_{ar} = P_{\max} / I_{N2}^2$，其单位为 Ω，$r_1$ 为仪表和继电器至互感器连接导线的电阻，单位为 Ω。r_c 为接触电阻，由于不能准确测量，一般取 0.1 Ω。

将式（2-57）代入式（2-56），得

$$r_1 \leqslant Z_{N2} - (r_{ar} + r_c)\ \Omega \tag{2-58}$$

而

$$r_1 = \frac{\rho L_c}{S}\ \Omega \tag{2-59}$$

故

$$S \geqslant \frac{\rho L_c}{Z_{N2} - r_{ar} - r_c}\ \text{mm}^2 \tag{2-60}$$

式中，ρ 为连接导线的电阻率，铜为 1.75×10^{-2}、铝为 2.83×10^{-2}，单位为 $\Omega \cdot \text{mm}^2/\text{m}$；$L_c$ 为连接导线的计算长度，与仪表到互感器的实际距离（路径长度）l 及互感器的接线方式有关，单相接线方式 $L_c=2l$，星形接线方式 $L_c=l$，不完全星形接线方式 $L_c = \sqrt{3}l$，单位为 m；S 为在满足式（2-55）的条件下，二次连接导线的允许截面积，单位为 mm^2。

选择稍大于计算结果的标准截面。为满足机械强度要求，当求出的铜导线截面小于 1.5 mm^2 时，应选 1.5 mm^2；铝导线截面小于 2.5 mm^2 时，应选 2.5 mm^2。

（六）热稳定校验

热稳定校验只需对本身带有一次回路导体的电流互感器进行。电流互感器的热稳定能力，常以 1 s 允许通过的热稳定电流 I_t 或 I_t 对一次额定电流 I_{N1} 的倍数 $K_t(K_t = I_t / I_{N1})$ 表示，故其校验式为

$$I_{t2} \geqslant Q_k \text{或} (K_t I_{N1})^2 \geqslant Q_k \tag{2-61}$$

（七）动稳定校验

短路电流流过电流互感器内部绕组时，在其内部产生电动力；同时，由于邻相之间短路流的相互作用，使电流互感器的绝缘瓷帽上受到外部作用力。因此，对各型电流互感器均应校验内部动稳定，对瓷绝缘型电流互感器增加校验外部动稳定。

1. 内部动稳定校验。电流互感器的内部动稳定能力，常以允许通过的动稳定电流 i_{es} 或 i_{es} 对一次额定电流最大值的倍数 K_{es} 表示，其中，$K_{es} = i_{es} / (\sqrt{2} I_{N1})$，故其校验式为

$$i_{es} \geqslant i_{sh} \text{或} \sqrt{2} I_{N1} K_{es} \geqslant i_{sh}\ \text{kA} \tag{2-62}$$

2. 外部动稳定校验。瓷绝缘型电流互感器的外部动稳定有两种校验方法。

（1）当产品目录给出瓷绝缘型电流互感器瓷帽端部的允许力 F_{a1} 时，其校验方法与穿墙套管类似，即

$$F_{a1} \geqslant 1.73 \times 10^{-7} \frac{L_e}{a} i_{sh}^2 \mathrm{N}$$

$$L_c = \frac{L_1 + L_2}{2} \qquad (2\text{-}63)$$

式中，L_c 为电流互感器的计算跨距，m。L_1 为电流互感器出线端至最近一个母线支柱绝缘子之间的跨距，m。L_2 为电流互感器两端瓷帽的距离，对非母线型电流互感器 L_2=0；对母线型电流互感器 L_2 为其长度，m。

（2）有的产品目录未标明 F_{a1}，只给出 K_{es}。K_{es} 一般是在相间距离 a=0.4 m、计算跨距 L_c=0.5 m 的条件下取得的。所以，当未标明 F_{a1} 时，可按式（2–55）校验，即

$$\sqrt{2} I_{N1} K_{es} \sqrt{\frac{0.5a}{0.4L_c}} \geqslant i_{sh} \ \mathrm{kA} \qquad (2\text{-}64)$$

二、电压互感器的选择

（一）额定电压的选择

电压互感器的一次绕组的额定电压必须与实际承受的电压相符，由于电压互感器接入电网方式的不同，在同一电压等级中，电压互感器一次绕组的额定电压也不尽相同；电压互感器二次绕组的额定电压应能使所接表计承受 100 V 电压，根据测量目的的不同，其二次侧额定电压也不相同。三相式电压互感器（用于 3 ~ 15 kV 系统），其一、二次绕组均接成星形，一次绕组三个引出端跨接于电网线电压上，额定电压均以线电压表示，分别为 U_{NS} 和 100 V。

单相式电压互感器，其一、二次绕组的额定电压的表示有两种情况。

1. 单台使用或两台接成不完全星形，一次绕组两个引出端跨接于电网线电压上（用于 3 ~ 35 kV 系统），一、二次绕组额定电压均以线电压表示，分别为 U_{NS} 和 100 V。

2. 三台单相互感器的一、二次绕组分别接成星形（用于 3 kV 及以上系统），

每台一次绕组接于电网相电压上，单台的一、二次绕组的额定电压均以相电压表示，分别为 $U_{NS}/\sqrt{3}$ 和 $100/\sqrt{3}$ V。第三绕组（又称辅助绕组或剩余电压绕组）的额定电压，对中性点非直接接地系统为 100/3 V，对中性点直接接地系统为 100 V。

电网电压 U_{NS} 对电压互感器的误差有影响，但他的波动一般不超过 ±10%，故实际一次电压选择时，只要互感器的 U_{N1} 与上述情况相符即可。

（二）种类和型式选择

电压互感器的种类和型式应根据安装地点（如屋内、屋外）和使用技术条件来选择。

1. 3 ~ 20 kV 屋内配电装置，宜采用油浸绝缘结构，也可采用树脂浇注绝缘结构的电磁式电压互感器。

2. 35 kV 配电装置，宜采用油浸绝缘结构的电磁式电压互感器。

3. 110 ~ 220 kV 配电装置，用电容式或串级电磁式电压互感器。为避免铁磁谐振，当容量和准确度级满足要求时，宜优先采用电容式电压互感器。

4. 330 kV 及以上配电装置，宜采用电容式电压互感器。

5. SF6 全封闭组合电器应采用电磁式电压互感器。

（三）准确级选择

电压互感器准确级的选择原则，可参照电流互感器准确级选择。用于继电保护的电压互感器不应低于 3 级。

至此，可初选出电压互感器的型号，由产品目录或手册查得其在相应准确级下的额定二次容量。

（四）按二次侧负荷选择

1. 作出测量仪表（或继电器）与电压互感器的三相接线图，并尽可能将负荷均匀分配在各相上。

2. 列表统计其二次侧“各相间（或相）负荷分配”。据各仪表（或继电器）的技术数据（S_0、$\cos\varphi_0$）及接线情况，算出其在各相间（或相）的有功功率 $S_0\cos\varphi_0$ 和无功功率 $S_0\sin\varphi_0$，并求出各相间（或相）的总有功功率 $\sum S_0\cos\varphi_0$ 和总无功功率 $\sum S_0\sin\varphi_0$，填于分配表中。

3. 求出各相间（或相）的总视在功率 S 和功率因数角 φ

$$\left.\begin{aligned} S &= \sqrt{(\sum S_0 \cos\varphi_0)^2 + (\sum S_0 \sin\varphi_0)^2} = \sqrt{\left(\sum P_0\right)^2 + \left(\sum Q_0\right)^2} \\ \varphi &= ar\cos\frac{\sum P_0}{S} \end{aligned}\right\} \tag{2-65}$$

4. 用相应公式计算出互感器每相绕组的有功、无功及视在功率。

5. 将最大相的视在功率 S_2 与互感器一相的额定容量 S_{N2} 比较，若满足

$$S_2 \leqslant S_{N2}\,\text{V·A} \tag{2-66}$$

则所选择的互感器满足要求。

当发电厂、变电所的同一电压级有多段母线时，应考虑到各段电压互感器互为备用，即，当某台互感器因故退出时，运行中的互感器应能承担（通过二次侧并列）全部二次负荷。

第三章　电力系统自动化技术

第一节　概述

自动化是指用特定的仪器、设备对生产过程、工作流程等进行调节和控制，用以取代人工直接操作控制。自动化可以有效地提高生产过程、工作流程的效率，改善生产工作人员的劳动条件，在许多情况下可以完成人力难以直接胜任的工作。典型的自动控制系统应该包括控制对象、自动控制装置以及存在于它们之间的监测信息通道和控制信息通道。

电力系统自动化是以电力系统（一次系统）为控制对象的自动化。为使电力系统能正常运行，保证安全、经济、稳定地向所有用户提供质量良好的电能，在电力系统中，要应用各种具有自动检测、信息处理和传输、自动操作和控制功能的装置，对系统中的设备、子系统或全系统进行就地或远方的自动监测、调节和控制。在电力系统发生偶然事故时，应迅速切除故障防止事故扩大，尽快恢复系统正常运行，保证供电可靠性。电力系统自动化技术会随着电力系统的发展而逐步发展进步。在现阶段，电力系统自动化的主要内容大致可以划分为以下几方面。

一、电力系统调度自动化

电力系统调度是电力系统生产运行的重要指挥部门。为了在不同运行状态下有针对性地对电力系统实行调度和控制，需要实时监测电力系统的运行状态。对分布地域广阔的电力系统实施自动化监测和调度控制时，还必须依赖远程监控系统（远动系统）。调度控制的目的是保证系统优质、安全、经济地向用户供电。

二、电力系统自动装置

电力系统自动装置可以分为正常运行自动装置、异常状态下的安全稳定控制装置及保护装置三类；也可分为自动调节型装置和自动操作型装置两类。属自动调节型装置的主要有同步发电机自动励磁控制和电力系统自动调频；属自动操作型装置的主要有同步发电机自动并列装置，自动解列装置，电力系统继电保护装置，自动低频减载装置，以及自动重合闸、水轮发电机低频自启动、事故切机、备用电源自动投入装置等。电力系统自动装置对保证电力系统的安全稳定运行，保证电能质量以及以及预防事故都具有重要的作用。继电保护是电力系统中重要的自动装置，但鉴于其在电力系统中的专门作用且其内容自成体系而单独讲授。

三、配电网自动化

配电网自动化又称配电自动化。它利用计算机、电子和通信技术对配电网和用户的设备及用电负荷进行远方自动监视、控制和管理。配电网自动化分为配电调度自动化、配电变电站自动化、配电线路（馈线）自动化以及用户自动化等。其主要功能有以下几方面：配电网数据采集及运行控制、优化配电网运行、负荷管理、电压/无功综合控制、配电网可靠性管理、信息管理、配电网地理图示、安全与节能管理。

四、变电站自动化

变电站自动化是将变电站传统的二次设备（包括测量仪表、信号系统、继电保护、自动装置、故障录波和测距以及远动装置等）经过功能的组合和优化，利用先进的计算机技术、现代电子技术、通信技术和信号处理技术，实现对全站的主要设备和输、配电线路的自动监视和测量、自动控制和保护，以及与调度通信等综合性的自动化功能，所以又称为变电站综合自动化。变电站自动化程度的高低，直接反映了电力系统自动化的水平。

电力系统自动化是一个发展着的概念，其涵盖内容在深度和广度上在不断延拓和相互融合，电力系统发展对其自动化的要求也在不断提高。电力系统自动化正在发展成为一个 CCCPE 的统一体，即计算机、控制、通信和电力电子装置构成的电力自动化系统。

本章主要介绍电力系统调度自动化、配电网自动化和变电站综合自动化以及常用的自动控制装置和电力通信方式。

第二节　电力系统调度自动化

电力系统调度是电力系统生产运行的重要指挥部门。电力系统调度自动化系统，是使用以电子计算机为中心的信息采集、传送和处理的先进技术手段来保证电网的安全、可靠和经济运行。

20 世纪 30 年代电力系统建立调度中心之初是没有自动装置的，当时调度员只能依靠电话与发电厂和变电站联系，无法及时和全面地了解电网的变化，在事故的情况下只能凭经验进行处理。20 世纪 40 年代出现了早期的电力系统调度自动控制系统，具有对电力系统运行状态的监视（包括信息的收集、处理和显示）、远距离的开关操作以及制表、记录和统计等功能。这个系统称为监视控制和数据采集 SCADA 系统。它可将电网中各发电厂和变电站的有关数据集中显示到模拟盘上，使整个电力系统运行状态展现在调度员面前，及时将开关变化和数值越限报告给调度员，这增强了调度员对电力系统的感知能力，减轻了调度员监视电力系统运行状态的负担。20 世纪 50 年代发展了自动发电控制 AGC，包括负荷频率控制 LFC 和经济调度控制 EDC，增强了调度员控制电力系统的能力。20 世纪 60 年代发展了负荷预测、发电计划和预想故障分析，这为调度员提供了辅助决策工具，增强了调度员对电力系统分析与判断的能力。在 20 世纪 60—70 年代，电力系统的自动化技术经历了一次重要的变化，即由模拟技术转向数字技术，整个数据采集过程，逐步由模拟型发展成数字型，在调度中心的电子计算机上就能完成数据采集、自动发电控制、网络分析等功能。20 世纪 70 年代出现的能量管理系统 EMS 将数据采集与监控、自动发电控制和网络分析等功能有机联系在一起，使处于独立的或者分离的自动化系统上升为一个可实现统一管理的系统，为电力系统自动化向综合自动化水平发展创造了条件。

一、电力系统调度自动化的实现

（一）电网调度组织及其任务

从理论上讲，对电力系统的调度控制可以采用集中调度控制的方式，也可以采用分层调度控制的方式。所谓集中调度控制，就是把电力系统内所有发电厂和变电站的信息都集中在一个调度控制中心，由一个调度控制中心对整个电力系统进行调度控制。集中调度控制，要通过远距离通道把所有的信息传输并集中到一个点。由于电力系统的设备在地理位置上分布很广，从经济上看，投资和运行费都比较高；从技术上看，把数量很大的信息集中在一个调度中心，调度人员不可能全部顾及和处理，即使使用计算机辅助处理，也会占用计算机大量的内存和处理时间；此外，从数据传输的可靠性看，传输距离越远，受干扰的机会就越大，数据出现错误的机会也就越大。鉴于集中调度控制的上述缺点，目前世界各国的大型电力系统都采用分层调度控制。国际电工委员会标准（IEC870-1-1）提出的典型分层结构就是将电力系统调度中心分为主调度中心（MCC）、区域调度中心（RCC）和地区调度中心（DCC）三层。中国的大电力系统从技术层面也分为三级调度，即大区电网调度中心（简称网调）、省调度中心（简称省调）和地区调度所（简称地调）。从管理层面上划分，也可将中国电力系统调度划分为国家电力调度中心（简称国调）、网调、省调、地调和县级调度（县调）五级。

1. 国调的任务。国家调度中心是我国电网调度的最高级，其任务是协调各大区网的联络潮流和运行方式，在线收集、监视、统计和分析全国的电网运行情况，并提供电能信息；进行大区互联系统的潮流、稳定、短路电流及经济运行计算，通过计算机通信，校核计算的正确性，并向下一级传送；处理有关部门的信息，做中长期的电网安全、经济运行分析，并提出对策。国调不直接控制发电厂和变电站。

2. 网调的任务。按照统一调度、分级管理的原则，网调负责超高压电网的安全运行，按照规定的发供电计划及监控原则对超高压电网进行管理，提高电能质量和经济运行水平。其任务是实现对超高压电网的数据收集和监控、经济调度和安全分析；进行负荷预测，制订开停机计划和水、火或核电的经济调度日分配计划，实现自动发电控制；进行省（市）和有关大区网的供受电量的计划编制与分析；进行电网潮流、稳定、短路电流及经济运行计算，通过计算机通信，校核计算的正确性，并上报和下传。

3. 省调的任务。省调负责省网的安全运行，按规定的发供电计划及监控原则对省网进行管理，提高电能质量和经济运行水平。其任务是实现对省网的数据收集和监视，无论是独立省网还是与大区网或是与相邻省网相连，都必须对电网中的开关状态、电压水平、功率等信息进行采集计算；进行控制和经济调度；进行负荷预测，制订开停机计划及电网各管理电厂的经济调度日分配计划，编制区间和省有关网的供受电计划，指导自动发电控制；进行潮流、稳定短路电流及经济运行计算，分析其正确性并上报下传；进行对功率总和、开关状态变化等信息的记录与制表等。

4. 地调的任务。地调负责采集地区电网的各种信息，进行安全监控；进行有关厂、站开关的远方操作、变压器分接头的调节、电力电容器的投切；进行用电负荷的管理等。

5. 县调的任务。县调应对县级电网和所属的变电站实现数据采集和安全监视功能，进行负荷管理，向上级调度发送必要的实时信息。

虽然各级调度的任务不同，但实现电力系统运行状态和参数的实时数据采集、处理和控制，对电力系统进行在线的安全监视，具有参数越限和开关变位告警、显示、记录、打印制表、事件顺序记录、事故追忆、统计计算及历史数据存储等功能，以及对电力系统中的设备进行远方操作和调节，是各级调度都需要具备的功能。

在电力系统调度中心对电力系统实施的实时远方监视与控制，称为电力系统远动。远动系统由控制站（调度端）、被控站（厂、站端）和远动通道三部分组成。在远动系统中，厂、站端的远动设备，又称为远动终端，它和调度中心的远动设备间采用相应的通信系统（如微波、光纤、电力线载波等）作为远动通道，相互联系，相互传递有关数据和命令。RTU 向调度中心传送被测模拟量和数字量的实时采样数据，称为远程测量，简称遥测；RTU 向调度中心传送设备的开关状态信息，称为遥信；由调度中心向 RTU 发送改变设备运行状态（如断路器的分 / 合闸）的远程控制命令，称为遥控；当调度中心需要对厂、站某些设备的运行状态进行调节，例如为改变发电机组的有功功率而发出的远程调节命令，称为遥调；采用视像系统把远方厂、站的设备、环境的实时监视画面传送到调度中心系统，提供直观的现场信息，称为遥视。遥测、遥信、遥控、遥调、遥视统称为“五遥”，是远动系统的基本功能。

只包括两端远动设备和远动通道的称为狭义远动系统；将控制站的人机设备和被控站的过程设备包括在内的称为广义远动系统，广义远动系统实际上就是监视控制与数据采集系统（SCADA 系统）。SCADA 系统是对各级调度中心都适用的基本系统。在 SCADA 系统功能的基础上进一步加入自动发电控制（AGC）和经济调度控制（EDC），安全分析和安全对策等功能，可构成能量管理系统（EMS）。近十几年来我国在 EMS 系统应用软件的研究开发取得了重要成果，国产的 SCADA/EMS 系统已在我国电网占据主导地位。

（二）电力系统调度自动化系统的基本结构

现代调度自动化系统由计算机（信息采集处理与控制）子系统、人机联系子系统、信息采集与命令执行子系统和通信（信息传输）子系统组成。

1. 信息采集处理与控制子系统。信息采集处理与控制子系统是整个调度自动化系统的核心。它对采集到的信息进行处理、加工，把结果通过人机联系子系统展现给调度人员或通过执行子系统直接进行远方控制、调节操作。计算机子系统由调度中心的计算机硬件和软件系统组成。

（1）计算机硬件系统：根据不同等级的调度中心，计算机硬件系统可以采用简单的单台计算机直至多台不同类型的计算机组成的复杂系统。相应的配置方式有集中式的单机或双机系统、分层式的多机系统和网络式的分布系统。

集中式的单机系统是由一台计算机执行所有数据采集、人机联系和应用程序的功能。为了提高可靠性，可设置一台备用计算机，构成双机系统（双重化系统）。这种配置适用于小型的 SCADA 系统，也是早期普遍使用的方式。

分层式多机系统是把数据采集和通信等实时性较强的任务由独立的前置处理机完成。前置机和主计算机之间具有高速数据通道实现信息交换。分层式多机系统还可分成前置机、主控机和后台机等三个层次，其中前置机担任与各厂、站远动终端的通信并取得信息，主控机担任 SCADA 任务，后台机担任安全分析和经济计算等任务，各层次的计算机都双重化，这就是典型的四机或六机系统。20 世纪 70—80 年代大量采用这种配置。

网络式的分布系统是把各种功能进一步分散到多台计算机中去，由局域网络 LAN 将各台计算机连接起来，各台计算机之间通过局域网络交换数据，备用机同样连在局域网络上，并可随时承担同类故障机或预定的其他故障机的任务。如果这种系统进一步在硬件接口和软件接口中都遵循一定的国际标准或工业标准，使不同厂家的产品容易互联，容易扩充，就可称之为开放系统。这种配置是 20 世纪 80 年代后期开始出现的。

（2）计算机软件系统：调度计算机软件系统可分为系统软件、支持软件和应用软件三个层次。

系统软件包括操作系统、语言编译和其他服务程序，是计算机制造厂为便于用户使用计算机而提供的管理和服务性软件。实时操作系统可同时处理几个任务，但同一时刻只执行一个任务。每个任务都有自己的优先级，操作系统按优先级决定先执行哪个任务，对时间响应要求很高的任务可用中断方式处理，中断处理优先级很高。

支持软件是一个介于操作系统和应用软件之间，对应用软件起支持作用的软件，主要有数据库管理、网络通信、人机联系管理、备用计算机切换管理等服务性软件，是为了计算机的实时、在线应用而开发的。它为电力系统调度自动化的各种应用程序以及数据库的结构提供了一个面向用户的框架。在这个支撑系统的支持下，电力系统的工程师可以方便地编制应用软件，用户可以利用所提供的实时数据库系统共享数据，也可以建立自己的数据库。

应用软件是完成各种电网在线分析计算、最终实现调度自动化各种功能的软件，包括 SCADA 软件、自动发电控制和经济运行软件、安全分析和对策软件等。

2. 人机联系子系统。该子系统完成显示、人机交互、记录和报警等任务。其主要设备有彩色屏幕显示器、动态模拟屏、打印机、记录仪表和拷贝机以及音响报警器等。

屏幕显示器是主要的人机联系手段，可以完成除记录以外的所有人机联系任务。在屏幕显示器上，运行人员可以观察到电力系统的实时运行状态和参数、各种报警信息和统计报表以及分析计算的结果。运行人员也可通过键盘、跟踪球、鼠标等对屏幕显示画面进行各种操作，如调出新的画面，控制计算机程序的运行，或对电力系统设备进行远方操作和控制。目前，国际上普遍使用全图形显示器，它可以显示复杂的二维甚至三维图形，并具有放大、缩小和平移等功能。现在，全图形显示器多采用图形工作站，它具有很强的数据处理和图形处理能力，可通过局域网络与其他计算机相连，减轻主计算机处理画面的负担。

动态模拟屏显示所辖调度区域电力系统的全貌和最关键的开关状态和运行参数。它是调度人员监视电力系统运行的传统手段。现在，应用计算机和屏幕显示器之后并未取消模拟屏，而是将两者更好地结合起来。由计算机和模拟屏接口把灯光、报警、数字显示信号送到模拟屏上显示，因此模拟屏已不可能脱离计算机独立工作，而是逐步简化模拟屏。

打印机为记录输出设备。当电力系统中发生异常或事故时，发生的时间顺序等信息可由打印机按照预先设定的要求与格式打印输出。正常运行时打印机可按时打印有关运行报表，也可由运行人员进行召唤打印。

记录仪表可将系统重要参数的变化曲线完整地记录下来。拷贝机可以把重要的屏幕显示器画面拷贝下来，以备事后分析和查询。

音响报警是当电力系统的某些参数越出设定值或者发生故障之后，发出音响报警信号，以引起调度人员的注意。目前，语音报警也开始使用，使运行人员可以直接了解事件的原因与位置。

3. 信息采集与命令执行子系统。信息采集与命令执行子系统是由分布在电力系统中各厂、站的远动终端 RTU 和调度中心的前置处理机组成。RTU 实现厂、站端的信息采集并通过信息传输通道发送到调度中心，同时也执行调度中心计算机下达的遥控遥调命令。电力系统运行所需信息将由各厂、站的 RTU 向调度端传送，调度端则将控制和调节信息向厂、站 RTU 传送。

4. 通信（信息传输）子系统。调度中心的计算机系统和厂、站 RTU 之间的信息传递以及各级调度中心计算机系统之间的信息传递都要借助于通信系统。通信系统的媒介有微波、电力线载波、专用通信电缆、特高频无线、卫星和光纤等。调度自动化要求通信子系统提供一定质量和带宽的通信，一般误码率应不大于 10^{-5}，RTU 与调度中心通信的典型速率为 600 ~ 1200 bit/s，远程计算机之间的通信则要求 1200 ~ 9600 bit/s 或更高。对重要的 RTU 通信和计算机间通信应具备备用通道，调度端与厂、站端通道的连接方式有点到点、共线、数据集中和转发、环形等。

二、电力系统调度自动化的功能

电力系统调度自动化的功能包括电力系统监视与控制、安全分析、经济调度、自动发电控制等。不同层次的电网调度中心可以采用不同规格、不同档次、不同功能的电网调度自动化系统。其中最基本的是监视控制与数据采集（SCADA）系统，而功能最完善的是能量管理系统（EMS）。也有的是在SCADA的基础上，增加了一些功能，如自动发电控制（AGC），经济调度（EDC）等，可记为SCADA+AGC/EDC。

（一）电力系统监视与控制

对电力系统的监视与控制是调度自动化系统的基本功能，该项功能是指通过数据采集系统和监视控制系统对电力系统的运行状态实行在线监视，并对远方设备进行操作控制。

监视是指对电力系统运行信息的采集、处理、显示、告警和打印，以及对电力系统异常或事故的自动识别，向调度员反映电力系统实时运行状态和电气参数，为调度员及时了解和掌握电力系统的运行情况提供方便。对电力系统的监视，主要包括电力系统运行状态的监视、发电和供电负荷监视、频率监视、潮流和电压监视、设备过负荷监视、水库水位监视；还要进行事故顺序记录、事故追忆记录、频率考核记录、越限报警以及统计制表等。其中，事故顺序记录的功能可为电力系统中发生的复杂事故的分析，提供开关和继电保护在事故发展过程中的动作顺序。通常开关动作顺序是根据故障录波器记录的电气量变化分析的。远动计算机系统能够以毫秒级的精确度打印输出开关动作时间，为调度员分析事故提供参考。如能利用数字式故障录波器采集电力系统运行信息，再经过电子计算机的处理和分析，可以使调度自动化中的事故顺序记录和事故追忆记录功能得到进一步的提高。

控制则主要是指通过人机联系设备执行对断路器、隔离开关、静电电容器组、变压器分接头等设备进行远方操作的开环控制。调度员通过人机联系设备执行电力系统日运行计划的操作，并保持频率和中枢点电压的质量，采取预防性措施消除系统的不安全因素，处理事故，恢复电力系统的正常运行。

监视控制功能为自动发电控制、经济调度、安全分析等高层次功能提供实时数据。电力系统状态估计是实现电力系统监视与控制的一种重要软件，在调度端，由于通过远动系统收集的电力系统数据可能不完全、不精确或数据受到干扰有错误，调度端计算机的状态估计软件依据状态估计原理分析计算，可对某一时间断面的遥测量和遥信量进行实时数据处理，自动排除偶然出现的错误数据和信息，提高实时数据的精确度，补足缺少的数据和信息，从而获得表征电力系统运行状态的完整而准确的信息，使调度端计算机能正确对电力系统进行监视和控制。

1.SCADA 系统。SCADA 系统可完成对电力系统监视与控制的基本功能，可概括为以下几方面。

（1）数据采集（遥测、遥信）。

（2）信息显示（CRT 或动态模拟屏）。

（3）远方控制（遥控、遥调）。

（4）监视及越限报警。

（5）信息的存储及报告。

（6）事件顺序记录。

（7）数据计算。

（8）事故追忆（或称扰动后追忆）。

SCADA 系统中调度中心的信息收集与处理系统、通信系统和厂、站端的 RTU 构成远动系统，调度中心端为远动主站端，厂、站端的 RTU 为远动终端。通信系统包括通信通道、两端的调制解调器及通信设备。

2. 远动终端（RTU）。远动终端（RTU）是电力系统调度自动化系统的基础设备。它们安装于远离调度端的发电厂或者变电站内，故也称远方终端，是一种对现场信息实现检测和控制的装置。在厂、站端，电网的运行状态和参数通过信息转换成 RTU 能够处理的信息形式，通过 RTU 采样处理后由远动通道送到调度端，调度端下达的各种命令经过远动通道送给 RTU，再由 RTU 将控制和调节命令转送给自动装置或者直接对设备进行操作控制。RTU 的功能可概括为以下几点。

（1）实时数据的采集、预处理和上传：RTU 完成的数据及信息采集，包括电流、电压等“遥测”量以及断路器开或关状态、自动装置或继电保护的工作状态等“遥信”量。有些量还要进行预处理，然后按照一定的规约将数据整理，经由远动通信通道发送到调度端。

（2）事故和事件信息的优先传送：当电力系统有事故或者事件发生，如电气元件出现故障导致继电保护动作后，RTU 应中断当前的正常工作，立即把事件或事故信息发送到调度端，以加强调度自动化系统在电网监视过程中对突发事件的快速反应能力。

（3）接收调度端下发的命令并执行命令：主要是接收调度端发来的“遥控”和“遥调”命令，且予以执行；另外，还能接收调度端发来的各种召唤、对时、复归等命令，对有些命令的执行还要将执行结果上报给调度端。

（4）本地功能：处理由键盘或其他装置发送的人机对话信息，如通过本机键盘进行对遥测、遥信量的显示观察，RTU 运行模式的设置，遥控、遥调的操作等。

（5）自诊断功能：程序出轨死机时自行恢复功能；自动监视主、备通信信道及切换功能；自动对时以统一电力系统时钟功能；个别插件损坏诊断报告功能等。

早期的 RTU 是由分立元件构成的电子设备，采集的信息量很少，功能较为简单，随后出现了集成电路的布线逻辑式 RTU，采集的信息量大大增加，实现的功能有所增强。而现代的 RTU 是一个以微计算机为核心的具有多输入 / 输出通道、功能丰富的计算机系统。其硬件和软件可以根据需要以模块形式适当组合，工作灵活、适应性强、性价比高。多 CPU 结构 RTU 中除主 CPU 模块外，其他各主要模块如“模拟量输入”模块、“开关量输入”模块等也都配有自己的 CPU。这类智能模块可用常规芯片，也可用单片机构成。主 CPU 模块统筹全局，与各模块采用并行或串行方式进行通信。公共总线（包括数据总线、地址总线和控制总线）由主 CPU 控制，通过地址总线来选择各模块，只有被选中的模块才可以接收控制信号并存取数据。

现在，电力系统自动化技术发展很快，一些水电厂、变电站实现了综合自动化，可以无人或者少人值守，已不设独立的 RTU 装置，而将 RTU 的功能融入厂、站端综合自动化系统中，成为其中的一个或者几个模块。

（二）电力系统经济调度（EDC）

经济调度是电力系统调度的重要任务之一。电力系统经济调度是指在调度过程中按照电力系统安全可靠运行的约束条件，在给定的电力系统运行方式中，在保证系统频率质量的条件下，以全系统的运行成本最低为原则，将系统的有功负荷分配到各可控的发电机组。经济调度的基本方法是：按照供电标准煤耗微增率相等的原则分配各发电厂的发电负荷，并考虑电力线路有功功率损耗的修正，必要时还应该按燃料价格进行修正。

电力系统的日发电计划按经济调度的要求进行，也可以根据负荷预测按指定时刻编制发电计划。实时经济调度的计算周期一般为几分钟甚至更长的时间，主要是考虑到发电机开、停机和达到功率控制的时间。经济调度是能量管理系统（EMS）中发电级的核心应用软件。经济调度一般只按静态优化来考虑，不计算其动态过程。

（三）自动发电控制（AGC）

自动发电控制（AGC）是现代电力系统运行调度中一个基本而重要的实时控制功能。自动发电控制的目的就是按事先设定的准则实现对区域内的调频发电机功率的调整，使系统功率和系统负荷相适应，从而保持系统频率在允许范围，通过联络线的交换功率等于计划值，并尽可能实现机组（电厂）间负荷的经济分配。具体地说，自动发电控制有下述五个基本目标。

1. 使电力系统发电自动跟踪系统负荷变化，使全系统的发电功率和负荷功率相匹配。

2. 跟踪负荷和发电的随机变化，维持电力系统频率为额定值（50 Hz）。

3. 控制区域间联络线的交换功率，维持区域间净交换功率为计划值，实现各区域内有功功率的平衡。

4. 对周期性的负荷变化，按发电计划调整发电功率；对偏离预计的负荷，在区域内在线地实现各发电厂间负荷的经济分配。

5. 监视和调整备用容量，满足电力系统安全要求。

上述的第一个目标与系统中所有发电机的调速器有关，即与频率的一次调整有关。第二和第三个目标与频率的二次调整有关，也称为负荷频率控制。通常所说的 AGC 是指前三项目标，包括第四项目标时，往往称为 AGC/EDC（自动发电—经济调度控制）。

自动发电控制（AGC）是由自动装置和计算机程序对频率和有功功率进行二次调整实现的。所需的信息（如频率、发电机的实发功率、联络线的交换功率等）是通过 SCADA 系统经过上行通道传送到调度控制中心，然后根据 AGC 的计算机软件功能形成对各发电厂（或发电机）的 AGC 命令，通过下行通道传送到各调频发电厂（或发电机）。AGC 的启动周期为 4 ～ 8 s。

在调度自动化中安排的自动发电控制功能，包括频率和发电机有功功率的自动控制以及电压和无功功率的自动控制两个方面。实现电力系统频率和发电机有功功率自动控制的基础自动化系统是发电机组的调速系统。发电机的励磁控制系统是实现电力系统电压和无功功率自动控制的子系统，它通过调节发电机励磁、变压器分接头和并联电抗器（或电容器）来调节电压，并使输电线路有功损耗为最小，而且还可以定期地校验电力系统枢纽母线的电压，当发现电压偏移超出规定范围时，就可以启动控制电压的设备。

（四）SCADA+AGC/EDC

AGC/EDC 可根据电力系统频率调整和经济调度的要求，由调度中心的计算机直接控制各个调频电厂发电机组的功率，其他非调频电厂则按日负荷曲线或按经济调度的要求运行，经济调度计算中要考虑线损修正。对互联电网则按联络线净功率和频率偏差进行控制。AGC 程序几秒钟执行一次。EDC 最初仅是利用计算机进行离线计算，现在也成为几分钟就运算一次的在线程序了。

在监视控制与数据采集系统（SCADA）的基础之上增加 AGC/EDC 功能，可以实现对电力系统的实时闭环控制。

对于电力系统的安全监控功能由于涉及系统全局，应由各级调度共同承担，而自动发电控制和经济调度则由大区网调或省调负责。网调和省调还应具有安全分析和校正控制等功能。

为了实现以上功能，除了要有相应的软件以外，还要求有较强的计算机处理能力和较方便的数据库及人机联系的支持。

（五）能量管理系统（EMS）

现代计算机及网络技术发展迅速，新技术、新设备层出不穷，如精简指令集计算机（RISC）、高速 CPU、面向对象技术、Internet 技术、大规模商用数据库、超大容量硬盘和内存、100M/1000M 高速交换以太网、IEC61970 开放式系统接口标准等，为电网调度自动化系统发展提供了强有力的技术支持。现代电网调度自动化系统除 SCADA 基本功能和 AGC/EDC 之外，又增加了许多新的高级应用功能的软件，如网络拓扑、电力系统状态估计、负荷预报、安全分析与安全控制、在线潮流、调度员培训仿真系统等，形成新一代电网调度自动化系统能量管理系统（EMS）。其中状态估计是一切高级应用软件的基础，真正的能量管理系统必须有状态估计功能。一般认为，只有在增加了状态估计功能之后，调度自动化系统才可能运行安全分析等高级软件，才可以称为能量管理系统。

EMS 在现代电力系统的调度控制中心（如网调和省调）的采用，使调度自动化水平提高到一个新阶段。EMS 还是现代电力企业中其他非实时系统的实时数据源，尤其在电力市场环境中，需要 EMS 提供大量数据，而且能够通过电力企业综合总线采用服务器层、Web 层、客户层三层结构实现与电力交易管理系统、电能计量系统、合同管理系统、结算系统、燃料管理系统、GIS 系统、办公自动化系统等的互联，它们只相互交换数据，功能各自独立。显然，随着新技术、新要求的出现，EMS 中所涵盖的功能还会不断发展和丰富。

三、能量管理系统的高级应用软件

（一）网络拓扑

网络拓扑又称网络接线分析。它的基本功能是根据开关的开合状态（遥信信息）和电网一次接线图来确定电网的拓扑关系，即各节点——支路的连通关系，为其他应用作好准备。

网络拓扑根据开关状态和电网元件状态，将网络的物理结点模型转化为计算用模型。运用堆栈原理，搜索网络图的树支，来判断支路的连通状态，划分电网中的各拓扑岛。

当电网解列时，网络拓扑可以给出各子系统的拓扑结构。此外，利用网络拓扑结果可以标识电网元件的带电状态，进行网络跟踪着色，用直观形象的方式表示网络元件的运行状态和网络接线的连通性。EMS 中的网络拓扑可以用于电网实时模式或研究模式，由开关变位事件驱动或召唤启动。

网络接线分析是一个公用模块，它被实时网络状态分析、潮流、预想事故分析、最优潮流和调度员培训模拟系统等应用软件调用。

（二）电力系统状态估计

SCADA 收集全电网的实时数据，汇成实时数据库，但无论多么完善的 SCADA 所收集的数据未经处理前（称为生数据）都可能存在以下缺点。

1. 采集的数据不齐全。

2. 采集和传输的数据不精确。

3. 受干扰时会出现不良数据。

4. 数据不和谐，即数据相互之间不符合建立数学模型所依据的基尔霍夫定律。

电力系统状态估计是电力系统高级应用软件的一个算法模块（程序），它针对 SCADA 实时数据的这些缺陷，依据状态估计原理进行分析计算，能够把不齐全的数据填平补充，不精确的数据“去粗取精”，同时找出错误的数据“去伪存真”。例如，辨识和检测状态信息和遥测信息中的错误、估计变压器分接头的位置、估计量测值偏差等，使整个数据系统和谐严密，质量和可靠性得到提高。EMS 的许多安全和经济控制功能都必须用完整的、可靠的数据集作为输入数据集。而可靠数据集就是状态估计程序的输出结果。所以状态估计是一切电力调度自动化系统高级应用软件的基础，真正的能量管理系统必须有状态估计功能。

状态估计的实现必须建立在对电力系统的量测有一定的冗余度的基础之上，即采样得到的系统量测数据多于描述系统特征所需要的最少变量数（系统状态变量数）。状态估计的依据是这些量测和待估计数据必须符合基本的物理机理和电路定律，譬如必须满足基尔霍夫电路定律、支路的开断状态必须与该支路潮流为零对应、量测数据都有一定合理范围等，电力系统状态估计的数学方法主要有加权最小二乘法、快速分解法、正交化方法和混合法等，其中最常用的是加权最小二乘法。

（三）系统负荷预测和母线负荷预测

电网未来某个时段的负荷变化趋势是调度部门必须掌握的基本信息之一。系统负荷预测功能是根据电网负荷构成特点和历史负荷记录，用适当的数学模型和算法预测未来某时段的负荷变化。它是 EMS 的重要应用功能之一。根据应用的目的和时间的长短，负荷预测可分为以下几种。

1. 中长期负荷预测。预测未来 10 年、20 年内逐年最大负荷值或电量，用于电源和网络发展规划。

2. 年负荷预测。预测下一年度每日（或周）最大负荷，用于确定年度设备检修计划、水库运行计划。

3. 日负荷预测。预测未来 24 h 负荷变化曲线，用于安排日调度计划、开停机、联络线交换功率、水火电协调、负荷经济分配等。

4. 短期负荷预测。预测未来 10 min ~ 1 h 的负荷，用于安全运行的预防性控制和实时经济调度。

5. 超短期负荷预测。预测未来 1 ~ 5 min 的负荷值，用于安全监视和自动发电控制。

影响负荷变化的因素很多，大体可分为以下几类。

1. 负荷构成。

2. 天气变化。

3. 季节变化。

4. 节日和重大事件。

5. 随机波动。

负荷预测的数学方法主要有多元线性回归分析法、时间序列分析法、人工神经网络法、相似日法、灰色关联分析法等，这些预测模型和方法各有特色和适用场合，不能绝对地肯定或否定某种方法。

在 EMS 中的一些网络分析软件如潮流计算等，还需要用到系统中未来某时段每一母线的负荷值，而且同时需要有功负荷和无功负荷，这是母线负荷预测的任务。母线负荷预测原则上也可以采用系统负荷预测的一些方法，但由于往往不可能实时量测到系统中每一母线上的负荷，所以常常是将量测到或预报出来的地区系统负荷近似地分配到该地区各母线上。

（四）安全分析与安全控制

电力系统在运行中始终把安全作为最重要的目标，就是要避免发生事故，保证电力系统能以质量合格的电能充分地对用户连续供电。在电力系统中，干扰和事故是不可避免的，不存在一个绝对安全的电力系统。重要的是要尽量减少发生事故的概率，在出现事故以后，依靠电力系统本身的能力、继电保护和自动装置的作用以及运行人员的正确控制操作，使事故得到及时处理，尽量减少事故的范围及所带来的损失和影响。

电力系统安全控制的主要任务包括：对各种设备运行状态的连续监视；对能够导致事故发生的参数越限等异常情况及时报警并进行相应预调整控制；发生事故时进行快速检测和有效隔离，以及事故时的紧急状态控制和事故后恢复控制等。它可以划分为以下几个层次。

1. 安全监视。安全监视是对电力系统的实时运行参数（频率、电压和功率潮流等）以及断路器、隔离开关等的状态进行监视。当出现参数越限和开关变位时即进行报警，由运行人员进行适当的调整和操作。安全监视是 SCADA 系统的主要功能。

2. 安全分析。安全分析是在安全监视的基础上，分析电力系统当前的运行状态在出现故障后能否保证连续供电，即对电力系统的运行状态做出是否安全的安全评价。

安全分析的主要内容是利用实时数据对诸如电力系统发生一条线路、或一台发电机、变压器跳闸等假想事故进行在线快速模拟计算，以便随时发现每一种假想事故是否可能造成设备过负荷、频率和电压超出允许范围等不安全情况。这是一系列以单一设备故障为目标而进行的在线潮流计算。如果发现在可能发生的事故中会出现不安全的状态，计算机系统应该提出关于处理对策的控制手段。

安全分析包括静态安全分析和动态安全分析。静态安全分析只考虑假想事故后稳定运行状态的安全性，不考虑当前的运行状态向事故后稳态运行状态的动态转移。动态安全分析则是对事故动态过程的分析，着眼于系统在假想事故中有无失去稳定的危险。

安全分析和对策是在实时网络结构分析和状态估计的基础上按 N—1 原则或预定的多重事故组合进行事故预想，在出现不安全的情况下提出对策，使调度人员能够预先采取措施提高电力系统安全运行水平，实现正常状态下的预防措施。在电力系统已经发生线路或设备的过负荷或电压越限等不正常状态时，计算机可提出恢复正常约束的校正措施，供调度人员决策参考。

事故预想是电力系统调度中心的一项安全工作，是反事故措施中的重要内容之一。实现安全分析功能可以为调度员开展事故预想工作提供一定的方便。在开展事故预想工作中，并不局限于简单的单一设备故障，而是要考虑比较复杂的事故预想，包括事故现象、事故后果和事故处理等。这就要求计算机实现的安全分析功能由单一设备故障扩大到复杂的多重故障。关于复杂事故的分析、判断、提出处理对策，乃至由电子计算机与继电保护和自动装置自动处理电力系统复杂事故，是电力系统调度自动化的一个重要研究发展方向。

3. 安全控制。安全控制是为保证电力系统安全运行所进行的调节、校正和控制。安全控制可分为下列三种状态。

（1）正常运行状态（包括警戒状态）的安全控制。为了保证电力系统正常运行的安全性，首先在编制运行方式时就要进行安全校核；其次，在实际运行中，要对电力系统进行不间断地严密监视，对电力系统的运行参数，如频率、电压和线路潮流等不断地进行调整，始终保持尽可能的最佳状态；同时，还要对可能发生的假想 N—1 事故进行后果模拟分析；当确认当前属警戒状态时，可对运行中的电力系统进行预防性的安全校正。

（2）紧急状态的安全控制。紧急状态的安全控制的目的是迅速抑制事故及电力系统异常状态的发展和扩大，尽量缩小故障延续时间及其对电力系统其他非故障部分的影响。在紧急状态中的电力系统可能出现各种“险情”，例如频率大幅度下降、电压大幅度下降、线路和变压器严重过负荷；系统发生振荡和失去稳定等。如果不能迅速采取有效措施消除这些险情，系统将会崩溃瓦解，出现大面积停电的严重后果，造成巨大的经济损失。紧急状态的安全控制可分为三个阶段：第一阶段的控制目标是事故发生后快速而有选择地切除故障，这主要由继电保护和自动装置完成，目前最快可在一个周波内切除故障；第二阶段的控制目标是防止事故扩大和保持系统稳定，这需要采取各种提高系统稳定性的措施；第三阶段是在上述努力均无效的情况下，将电力系统在适当地点解列。

（3）恢复状态的安全控制。重大事故后的电力系统恢复过程是一个有序的协调过程。恢复状态的安全控制首先要使各独立运行部分的频率和电压都正常，消除各元件的过负荷状态，然后再将各解列部分重新并列，并逐个恢复停电用户的供电。

继电保护是保证电力系统安全运行的重要自动化装置，是反映电力系统运行状态发生异常变化的重要工具。继电保护动作信息是调度员分析判断事故的重要依据，是实现电力系统安全监视和安全分析功能所必不可少的重要信息。因此，电力系统的调度自动化中心，应同时具备利用远动装置传递继电保护动作信息的功能。继电保护可以划分为反映设备内部故障的主保护与反映区外故障的辅助保护两类。每类保护公用一个信号就可以满足分析判断电气设备故障范围和事故性质的要求。计算机应该对继电保护动作的信息进行处理，在屏幕上显示出设备故障范围，为调度员分析和判断事故提供方便，以缩短处理事故的时间。

（五）调度员培训仿真

调度员培训仿真系统是一个大型应用软件，包括控制中心模型、电力系统模型和教练员系统等部分。调度员培训仿真以现实的系统运行环境培养电力系统操作人员掌握 EMS 各项功能和处理各种紧急事件的应变能力。

现代大电力系统对运行的安全可靠性提出了越来越高的要求。这就要求电力系统运行操作人员必须具备丰富的专业知识、经验和能力。调度员培训仿真系统 DTS 是培训电力系统运行操作人员的有效工具。DTS 能从 SCADA 系统取得电网的实时数据和历史数据，对电力系统的动态行为进行逼真的模拟，严格模拟调度室中的人机会话和操作过程，使受训学员能够在真实的操作环境中接受调度培训、进行“准实战”考核，尽快熟悉其所在电网的特性和薄弱环节，掌握保证电能质量和防止重大事故的能力，积累迅速、正确判断和处理各种故障的经验。

DTS 的主要功能如下。

1. 正常运行条件下的操作培训。

2. 紧急状态下的事故处理培训。

3. 事故后电力系统恢复的操作培训。

4. 预防性操作及操作后分析重演。

5. 运行方式研究，继电保护和自动装置的整定配合分析。

除上列软件外，还应配有潮流计算和分析、网损修正计算、网络状态监视、预想故障分析、安全约束调度、最优潮流、短路电流计算、电压稳定性分析、暂态分析等应用软件。

第三节　电力通信网络及其通信规约

电力系统由发电厂、变电站、输 / 配电网络和用电设备等组成，地域分布辽阔。为此，调度控制中心必须通过远动系统对分布于不同地点的发电厂、变电站等进行监视和控制。将表征电力系统运行状态和各设备的实时信息采集到调度中心；把调度中心的命令发往相关厂、站，完成对电力设备的远程控制和调度。电力系统通信网络是传递电力系统远动系统所需信息的必不可少的支撑系统。

对电力系统远动系统的技术要求最主要的是可靠、准确和及时。如果远动系统提供的遥测、遥信数据有差错或不及时，就有可能导致调度中心判断或决策失误；如果遥控、遥调命令有差错或不及时，则将直接影响系统的运行，甚至引发严重的后果。电力生产的特殊性决定了电力系统远动系统所需信息的传递不能借助已有的公用通信网，而必须采用专用的电力通信网络。我国和世界上大多数国家都建有专用的电力通信网络。

为了保证通信的正常有序进行，通信双方必须遵循一些共同的约定。这些约定被称为通信规约或远动规约，通常是由通信权威部门制订发布的。

一、通信系统的基本组成

通信的目的是传送信息，即把信息源产生的各种形式的信息，通过相应的手段，快速、准确地传给受信者。显然，通信系统由信息发送者（信源）、信息接收者（信宿）、处理信息的各种设备及传输信息的媒质（信道）共同组成。

信源和信宿可以是人，也可以是机器设备（如计算机、传真机等），因而既可以实现人—人通信，也可以实现人—机或机—机通信，信源发出的信号既可以是话音信号，也可以是数字、符号、图像等非话音信号。

发信设备对信源发来的信息进行加工处理，使之变换为适合于信道传输的信号，经功率放大后从信道发送出去。信号根据其随时间变化的状况，可分为连续信号和离散信号两种形式。连续信号是随时间而连续变化的，它是时间的连续函数；离散信号不随时间连续变化，而是每隔一段时间取某一个值。通常把可以在一个范围内连续取值的连续信号称为模拟信号，而把只能取有限个值的离散信号称为数字信号。

信道是信息的传输媒体。在信道上传输模拟信号（如声音和图像信号）的通信系统称为模拟通信系统，在信道上传输数字脉冲信号（如电报符号、数字数据等信号）的通信系统称为数字通信系统。模拟通信系统的优点是信号频谱较窄，信道利用率较高，但信号在传输过程中混入噪声干扰后不易消除，抗干扰能力差，此外设备集成化程度低，不便与计算机等信息化工具相联，故在一定程度上限制了它的应用和发展。数字通信虽然要求的频带宽，即系统的频带利用率较低，但由于高效编码和调制技术、数字压缩技术等的飞速发展，以及宽带媒质（光纤）的广泛使用，已使数字通信的这一劣势得到弥补，而且数字通信的质量大大优于模拟通信，并能运用计算机技术对信息进行各种需要的处理，使得数字通信技术得到了飞速的发展。目前，除了在某些特定的场合及普通模拟电话的接入网中还使用模拟通信方式外，一般的通信系统均为数字通信系统。

按传输信号的方法来分，信道可分为有线和无线两大类。有线信道包括电缆和光缆，无线信道可按无线通信的电磁频谱划分为不同的频段，利用不同性能的设备和配置方法，组成不同的无线通信系统，如微波中继通信、卫星通信、移动通信等。

不同频段的信道传输性能不同，其传送的信号形式也不同。如频率在

300 ~ 3400 Hz 的话音信号，可通过常规的电缆信道直接传输；若用光缆传送，则必须将话音信号变换为光信号；若用微波传送，则需要对话音信号进行调制，将信号频谱搬移到微波系统的射频频段上去。因此需要用发信设备对信源信息进行加工、处理，进行变换。

在传输信号的同时，自然界存在的各种干扰噪声，包括各种电磁现象（如雷电、电晕、电弧）引起的干扰脉冲以及邻近 / 邻频的其他信道的干扰，也会同时作用在信道上。干扰噪声对信号的传输质量影响很大，如果噪声过强而又没有有效的抗干扰措施，轻则会使信号产生失真，重则出错，甚至将有效信号完全湮没掉。因此，收信设备接收到信息后，除了应进行与发信设备的信号加工过程相反的变换以外，还应具有强大的抗干扰能力，能有效地去除噪声、检查或纠正传输错误，以准确地恢复原始信号。

实际上大多数的通信系统都是双向的，即两端都有信源和信宿，这就需要在两端都设置有发 / 收信设备。为了实现多点间的通信，需利用交换设备和各种网络连接设备，将多个双向系统有机地连接在一起，组建成大的通信网络。

二、电力通信网络

电力通信网络是指利用有线电、无线电、光波等各种方式，对电力系统运行、经营和管理等活动中需要的各种信息（符号、文字、声音、图像、数据等）进行传输和交换的电力系统专用通信网络。根据通信范围的不同，电力通信可分为系统通信和厂站通信。

系统通信又称站间通信，主要提供发电厂、变电站、调度所、公司本部等单位之间的通信连接；厂站通信也称站内通信，其通信范围仅限于发电厂、变电站内部，主要任务是满足厂、站内部生产、管理信息的传递和共享，对于抗干扰、可靠性等有一些特殊的要求。厂站通信与系统通信之间通过适当接口互连。

广义的电力通信不仅包括系统通信和厂站通信这两类专用通信，也泛指利用电力系统的通信资源提供的各种通信服务。电力通信业务种类很多，总的来说可归纳为生产控制、行政管理和市场运营三大类。如远动信号、调度电话属于生产控制类，电话会议属于行政管理类，而电价发布、B2C/B2B 等电子商务信息则属于市场运营类。

（一）电力通信网络的主要作用

1. 传送电力系统远动、保护、负荷控制、调度自动化等运行、控制信息，保障电网的安全、经济运行。

2. 传输各种生产指挥和企业管理信息，为电力系统的现代化提供高速率、高可靠的信息传输网络。

（二）电力通信网络的特点

1. 实时性。即信息的传输延时必须很小，以便及时发现事故，迅速下达控制命令。远动系统的实时性能主要由信息的传递时间（包括终端设备的信息处理时间）来表征。对于不同性质的信息，规定有相应的时间标准。比如，开关状态发生变化时的变位遥信信息必须在 1 s 内送到主站，而重要遥测信息的循环时间不大于 3 s。公用通信网在这方面没有严格的要求。

2. 可靠性。为防止机构误动，信息传输必须高度可靠、准确，不能出错。特别在传送数字信号时，若将“0”误传为“1”，“1”误传为“0”，或数据序列发生漏位错位的差错，则很有可能导致灾难性的可怕后果。因此，为保证高度可靠，远动通信中必须采取“循环传送、反复对比”的策略。而公用通信网的要求则可以不那样高，比如一份传真出现错误，可以再传一次。

3. 连续性。由于电力生产是不间断的，电力系统的许多信息（如远动信息）需要占用专门信道，长期连续传送。这在公用通信网中难以实现。

4. 信息量较少。电力通信网主要传送电力系统的生产、控制、管理信息，故网上传输的信息量比公用通信网少，通信网络的触角也只需伸至基层变电站。

5. 网络建设可利用电力系统独特的资源。如利用高压输电线进行的载波通信，利用电力杆塔架设全介质自承式光缆 ADSS 等。

三、数字通信系统

现代计算机和数字通信系统都采用二进制这种计数的制式。所有的数字信息在传输和处理中都用二进制代码来表示。二进制数字信号的一位通常称为比特（bh），是最小的信息单位。8 位二进制数称为一个字节。

计算机存储器的容量通常是以字节数衡量的，常用 kB（千字节）来表示。不过这里的 k 指 1024，而不是 1000。若干字节又可组成一个“计算机字”，简称“字”（word），作为一个整体单元被计算机系统一次并行处理。在存储器中，通常一个单元存储一个“字”，并对应着一个“地址”，因而每个“字”都是可以寻址的。计算机每个“字”所包含的数位或字符的数量称为“字长”。根据计算机类型的不同，“字长”有固定和可变两种。微型计算机的字长有 8 位、16 位和 32 位等几种，大型计算机的“字长”有 48 位、64 位等。

在二进制数字通信系统中，接收端通常采用某种检测电路定时地进行信号检测，采用“像谁是谁”的方法对信号进行判决。与传输其他进制码元相比，因每个二进制码元只可能具有两种不同状态，故最容易识别，最不容易出错。因此二进制数字信号的抗干扰能力最强。另外，在远程中继通信中，中继站可以重新产生正确的二进制数字信号（再生）继续向前传输，从而完全消除传输引起的失真，因此对数字通信的距离可以不加限制，无论远近，都可以获得同样好的质量，保真度非常好。

（一）数字通信系统的主要质量标准

电力系统调度自动化对信息传输系统的质量要求主要有可用率（或可靠性）、误码率和传输速度（或响应时间）三种。

1. 可用率（可靠性）。其计算式为

$$可用率=\frac{运行时间}{运行时间+停用时间}\times 100\%$$

信息传输系统的运行时间是指整个系统保证基本功能正常的持续时间。停用时间是通信系统丧失基本功能而不能运行的时间，包括故障时间和维修时间。信息传输系统的可用率必须大于电力系统调度自动化系统的可用率。

根据 IEC-TC57 标准，可用率级别分为 A_1、A_2、A_3 三级，三级指标分别是：$A_1 \geqslant 99.00\%$，$A_2 \geqslant 99.75\%$，$A_3 \geqslant 99.95\%$。

2. 误码率（准确性）。通常以传输的码元中发生错误码元的概率作为传输质量的指标，称为误码率。一般要求误码率不大于 10^{-5}，即平均每传输 100 000 个二进制码，出现的误码不超过 1 个。

3. 传输速度（实时性）。传输速度通常以码元传输速率来衡量。码元传输速率定义为每秒钟传输码元的个数，单位为 dB（波特）。例如每秒钟传输 600 个码元，传输速率即为 600dB。码元传输速率也称为码元速率或波特率。目前，波特率已日益趋向标准化，一般低速信道为 600、1200、2400、4800、9600 dB，高速信道（如光纤通道）则在兆比特（Mb）以上。

数字通信中的传输速率也可以用信息传输速率来表征。信息传输速率定义为每秒传输的信息量，单位为 bit/s（比特 / 秒）。信息传输速率又称为信息速率或比特率。

电力系统调度自动化要求 RTU 与调度中心的信息传输速率为 600 ～ 1200 bk/s，远程计算机之间的信息传输速率为 1200 ～ 9600 bit/s 或更高。

根据 IEC-TC57 通信标准，远动通信对总传送时间的要求是：遥测量为 3 ～ 10 s；遥信量 < 3 s；遥调、遥控 < 3 s。电度量要对时准确，但发送时间可延时几分钟。

（二）信息传输的差错控制

电力系统采集到的量测信息，通常都经变送器变换成了标准的直流电压信号，通过采样开关按规定的次序逐个采样。开关量是两态的，用“0”和“1”两个信号表示，形成一个数据流。为了能正确地传输这些实时数据，要对实时数据进行编码。

1. 实时信息抗干扰编码。在现代化信息传输系统中要注意防止干扰引起的错误，以保证信息传输的可靠性。传输速度越高，则每个码元所占用的时间就越短，波形也越窄，因而受到干扰后发生错误的可能性也就越大。在电力系统实时通信系统中，如果出现一个误码，就有可能导致错误的操作，而使系统正常运行遭到破坏，所以，要求有很高的传输正确率。为便于误码的检出，需要采取必要的编码和校正误码的措施。常用的办法是，在传输信息的同时，通过编码器按照一定的编码规则增加若干冗余的校验码，这些校验码与有效的信息码之间具有一定的关系。这样，在接收端收到信息后，由译码器检验它们之间的关系是否符合原定的规则。在确认信息可靠无误后，就可将其输出。如果发现信息受到干扰而有错误时，则应做出必要的处理，拒绝接收、要求重新发送或设法纠正错误。

常用的编码方法很多，有奇偶校验码、方阵码、分组码和线性分组码等，下面仅就奇偶校验码和方阵码检验作一简单介绍。

（1）奇偶校验码。奇偶校验是最简单的监督码构成方式，仅在信息码后附加一个奇（偶）监督码元，使合成码字中“1”的数量成奇（偶）数。举例说明如下。

奇校验：有效信息为 1011001，附加奇校验位“1”，合成发送码字为

10110011（奇数个“1”）。接收端若收到数码为10100011，发现码元“1”的个数为4（非奇数），即判为出错。

偶校验：有效信息为1011001，附加偶校验位“0”，合成发送码字为10110010（偶数个“1”）。接收端若收到数码为10100010，发现码元“1”的个数为3（非偶数），即判为出错。

显然，奇偶校验可发现1位（或奇数个）错码。若2位（或偶数个）码元同时出错，则不能被发现。可见漏检情况较多，更没有纠错能力。

（2）方阵码检验。方阵码又称水平垂直奇（偶）校验，它以方阵的形式发送和接收信息，同时进行水平方向和垂直方向的奇（偶）校验。例如有一组七位有效信息：

1011001

0101010

0101001

1101001

在其末行和末列附加奇方阵校验码后，应为

1011001：1

0101010：0

0101001：0

1101001 1

1001100 1

接收到上述信息后，可逐行、逐列地检查是否符合奇（偶）校验规则。这种从水平、垂直两个方向进行奇（偶）检验的方式，检错能力明显提高，并且具有一定的纠错能力——横向和纵向不满足奇（偶）规则的交叉点即是错码。只有同时发生4位错误并且恰在纵向、横向的四角位置上时，才不能检出错码。

2. 差错控制方式

（1）循环传送检错法：发送端循环发出可被接收端检出错误的码字，接收端经检错译码判定有无错码。如无错码，则该组码字可用；如有错码，则丢弃不用，待下一次循环送来该信息无错再使用。循环检错方式比较简单，只需要单工信道。

（2）反馈重传纠错法：发送端发出可检错码，接收端经检错译码判定有无错码，并通过反馈信道把判决结果告诉发送端。发送端根据反馈来的判决信号，把出错的码字重新发送，直到接收到正确的信号为止。这种方式仅用检错编码即实现了纠错，但需要全双工信道。如果干扰严重，重传次数增多，会影响通信的实时性能，降低传输效率。

（3）信息反馈对比法：接收端把收到的数据信息，原封不动地通过反馈信道回送给发送端，由发送端将其与刚才所发送信息进行对比，如两者不一致，则将原来的发送信息再重发一次，直到返回信息与原发信息一致时为止。这种方式的电路较简单，也需要全双工信道。遥控返送校核常采用这种方式来确保遥控对象的正确。

（4）前向纠错法：这种方式发送的必须是能被纠错的纠错码，即接收端收到数据信息后不仅能发现错误，并能指出是第几位错了，然后将该位“取反”，纠正错误。这种方式只需单向信道即可，但可纠错编码比只有检错能力的检错码复杂得多。

（5）混合纠错法：它是前述方式的综合。发送端发送较简单的纠错码，接收端收到后首先检查错误情况，如果在码的纠错能力以内，即自动纠错并使用；若错误位数多，超过了码本身的纠错能力，则通过反馈信道要求发送端重发该信息。

四、调制和解调

数字信号在电路上的表达为一系列高低电平脉冲序列（方波），称为“数字基带信号”，这种波形所包含的谐波成分很多，占用的频带很宽。若将这种基带数字信号直接在通信线路上传输，不仅过多占用了有限的信道频带资源，而且长距离传输可能使信号波形畸变严重，接收端无法正确判读，从而造成通信失败。

为此，在数据通信中，必须先把数字基带信号用调制器转换成携带其信息的模拟信号，（某种高频正弦交流波信号）。在长途传输线上传输的是这种经调制的模拟信号。到了接收端，再用解调器将其携带的数字信息解调出来，恢复成原来的基带信号。由于正弦波是最适宜于在通信线路上长途传输的波形，而正弦交流波的特征值是振幅、频率和初相位，故对应的调制方法也有振幅调制、频率调制和相位调制三种。

（一）振幅调制

振幅调制又称幅移键控 ASK，是最简单的调制方式。在一固定频率的载波交流信号上用不同的振幅分别表示“1”和“0”，最特殊的振幅调制是以无信号时代表“0”；有信号时代表“1”。由于这种调制方式很易受传输过程中的干扰或衰减等作用影响其振幅而出现错误，所以现在一般很少采用。

（二）频率调制

频率调制又称频移键控 FSK，它利用载波信号的频率变化来传输数字信息。数字调频在电网调度自动化系统中应用较广，抗干扰性能较好。

（三）相位调制

相位调制又称相移键控 PSK，它利用载波信号的相位变化来传输数字信息，有绝对调相和相对调相之分。二元绝对调相（2PSK），以调制波初相位为 0° 代表“0”，而初相位为 180° 则代表“1”；二元相对调相（PSK），以调制波在后一码元的相位继续与前一码元相同，代表“0”，相位相反的则代表“1”。

某些相位调制器中有几种不同的相位移，以便在一次相位变化中传输几位信息。这种调制方式在恒参数信道下具有很高的抗干扰性能，可更经济有效地利用频带，是比较优越的调制方式，特别在超过 2400 dB 的高速传输情况下，但其硬件、软件比较复杂。

五、信息传输通道（信道）

电力调度自动化系统使用的信道媒介有以下四种。

（一）远动与载波电话复用电力载波信道（载波通信）

远动与载波电话复用电力载波信道的信息传输系统的电话通路频率范围为 0.3 ~ 3.4 kHz。为了使远动信号与载波电话复用，通常规定载波电话话路占用 0.3 ~ 2.3 kHz 的音频段，远动信号占用 2.7 ~ 3.4 kHz 的音频段。在发送端，远动的数字脉冲信号在送入载波机之前，要经过调制器调制成 2.7 ~ 3.4 kHz 的正弦波数字信号，然后送入载波机与电话信号合并成 0.3 ~ 3.4 kHz 的音频信号。这个合并后的信号经过电力载波机中频（12 kHz）和高频（40 ~ 500 kHz）二次调制之后，经功率放大器将信号放大，用结合设备隔离高压，再通过耦合电容 C 将信号送到高压输电线路上去。阻波器是一个 LC 并联谐振电路。谐振电路的电感线圈是一个能通过很大工频电流的强流线圈，可以保证工频电流的顺利输送。

谐振电路的谐振频率调节在高频信号的频率附近，对高频载波信号呈现极大的阻抗，可以阻止高频信号进入发电厂或变电站的电力设备，而只沿输电线路传向接收端，防止高频信号被输电母线、变压器等设备旁路，产生功率损失。在接收端，载波信号经结合设备进入载波机，经两次解调后变成 0.3 ~ 3.4 kHz 的音频信号。0.3 ~ 2.3 kHz 的滤波器将电话信号滤出，2.7 ~ 3.4 kHz 的滤波器将远动信号滤出，再经接收装置本身的解调器还原成数字脉冲信号。

由于电力载波信息传输是利用电力线路作通信线路，不需另外增加线路投资，而且结构坚固、运用方便，所以早期被远动系统广泛采用。但是，它的频道拥挤、杂音电平高、频率特性差、传输速率低，已基本被现代高速信道所取代，只保留作为备用通道。

（二）无线信道（微波通信）

无线信道是将远动信号调制在微波或其他无线电波上，经空间传送。

微波信息系统是用频率 300 MHz ~ 300 GHz，波长 0.001 ~ 1.0 m 的无线电波传输信息。微波是直线传播的（称“视距传输”），而地球是球体，使微波的直线传输距离受到限制。一般在平原地区，一个 50 m 高的微波天线通信距离为 50 km 左右。为了增加传输距离，要设立微波中继（接力）站。微波传输信息的优点是频带宽，一套设备可传输多路信息，信息传输稳定，方向性强，保密性好。

在微波信息传输系统发送端，电话和远动信号经过载波终端机形成多路复合信号，再经过微波信道机调制成微波，经波导管、馈线，由天线向空间辐射。在微波中继站，中继机把在传播中损耗了的信号加以放大，并向下一个微波中继站转发。在接收端，先用微波信道机将由天线接收的信号解调成多路信号，再用载波终端机进一步解调，分别取出电话和远动信号，各自传送给电话交换机、记录器或计算机系统。我国目前将 2 GHz 频率用于电力系统微波信息传输的主干线，8 GHz 频率用于分支线，11 GHz 频率用于近距离的局部系统。

卫星信息传输也是利用微波进行的，由于微波中继站设在同步卫星上，因此不受地形和距离的限制，传输的信息容量大、稳定、可靠性高。我国目前使用的上行频率为 5925 ~ 6425 MHz（地球发往卫星），下行频率为 3700 ~ 4200 MHz（卫星发往地球）。

无线通道还用于视距范围内传输信息的特高频无线传输系统。

（三）光纤通信

光纤通信是以光纤为传输介质（信道）的通信方式。

光纤也称为光导纤维，是用于传输光信号的介质，由玻璃或塑料制成。用于通信系统的光纤的主要原料是纯度很高的二氧化硅玻璃。光纤主要由纤芯和包层组成。纤芯是很细的玻璃丝，纤芯的外面是包层。纤芯和包层是同心的玻璃圆柱体。光纤很细，直径在 5 ~ 100μm。光纤按其材料和结构的不同，有多模光纤和单模光纤之分。单模光纤传输容量大，但价格较贵。目前应用较多的是多模光纤，虽容量较小，但价格较低。

光纤虽然能传输光信号，但由于是由玻璃材料制成的，容易因表面损伤而断裂，而且直径过细，不能承受较强的外力。因此，光纤不便直接使用，而必须制成光缆。光缆一般由光纤、被覆层、加强芯、护套等部分组成，光缆内可以有多根光纤。光缆是符合一定光学、机械及环境要求的线缆。在电力系统中，常采用架空地线复合光缆 OPGW 作为电力系统通行干线。OPGW 将高质量光缆放在架空地线多股导线中央的硬质气密复合管中，可以兼具架空地线和通信线的双重功能，无需单独铺设线路，且性能好，运行可靠。

光纤通信系统主要由光发送机、光缆、光中继机和光接收机等组成。光发送机的作用是将电信号转换成适于在光缆中传输的光信号。光接收机的作用是将光缆中传来的光信号还原成电信号。光信号以光的形式在光缆中传输是会衰减的，为了补偿光信号在传输过程中的衰减，在光通信的信道上需要设置光中继机。在光中继机中先将光信号转换成电信号，并进行放大、再生，然后再以光的形式将信号发送到下一段光缆中去，依此逐段传输直到终点。

按照信号的调制方式，光信号传输分为模拟式和数字式两种。在电力系统通信中，光纤通信系统多采用数字式。

光发送机中的“信号”是已经经过编码的电信号。该信号再经过“码型变换”变换成适合于在光缆中传输的归零信号。驱动电路的作用是使发光器件发出光脉冲（即对光源调制）注入光缆。发光器件的背向光由本机检测、放大、比较，若有超出设定的发送错误则予以报警。发光器件采用半导体激光器（LD）或发光二极管（LED）。LD 输出光功率大、光谱宽度窄、与光纤的耦合效率高，对控制、保护电路的要求高，适合于长距离、大容量的光纤通信系统。LED 温度稳定性好，对保护电路要求低，光谱宽度宽，色散大，但与光纤的耦合效率低，入纤功率小，适合于短距离、小容量的光纤通信系统。发光波长一般为0.85 μm 或 1.3 μm，与光纤的两个低衰减窗口相对应。

光是以波的形式传播的，它的参数有振幅（即强度）、频率和相位。目前，只能对光的强度进行调制，还不能调制频率和相位。

光纤通信的优点如下。

1. 频带宽，通信容量大。

2. 抗电磁干扰能力强，保密性能好。

3. 光纤是绝缘体，通信两端可以实现完全的电隔离（全电隔离）。

4. 光纤损耗小，中继距离长。

5. 光纤细，质量轻，构成光缆后容易敷设等。

由于具有上述诸多优点，光纤通信已成为一种新型的、发展迅速的通信手段，成为干线通信的主力信道。尤其光纤通信所具有的抗干扰能力强和可以实现通信两端的完全电隔离等优点，使得它在电力系统通信中获得了广泛应用。

（四）架空明线或电缆信道

利用架空明线或电缆传输信息的通信方式称为有线通信。架空明线或电缆用铜线、铁线或铝线作为传输介质。信息传输过程中，信息能量沿传输介质传输。在电力系统中，有线通信是一种重要的通信手段。它多用于地区通信或短距离通信枢纽站之间的通信。为了更多地传输信息，在有线通信中常将音频信号和直流脉冲信号调制成不同频带的高频信号，或编码形成脉冲编码调制信号，然后将这些调制后的信号叠加起来在一对通信线路上传输，以实现通信线路的多任务。

六、信息传输网络的基本类型

电力系统中远动通信系统的主站（MS）与子站（RTU）之间通过信道传输远动信息。若干远动站通过通信线路连接起来，组成一个远动通信网络。远动通信系统有以下五种基本类型：点对点式、多路点对点式、多点星形式、多点星形式和多点环形式。

（一）点对点配置

一站与另一站通过专用的通信线路相连。这是一种最基本的一对一方式。

（二）多路点对点配置

多个主站与若干子站通过各自的通信线路相连，多个主站也相互联系。在这种配置中，各主站能同时与各个子站交换信息，某主站与一个子站通信的失效不影响其他站的通信。

（三）多点星形配置

一个主站通过相互独立的线路与若干子站相连。在这种配置中，任何时刻只允许一个被控子站向主站传送信息。主站可选择一个或若干子站传送信息，也可向所有子站同时传送全局性的报文。

（四）多点共线配置

调度控制中心或主站通过共享线路与若干子站相连。这种配置的正常通信时的特点与多点星形配置相似，但信道故障将使通信完全失效。

（五）多点环形配置

所有站之间的通信链路形成一个环形。在这种配置中，调度控制中心或主站可用两个不同的路径与各个被控站通信。因此，当信道在某处发生故障时，主站与被控站之间的通信仍可正常进行，通信的可靠性得到提高。

将以上几种基本配置组合起来，可构成各种混合配置。

七、通信规约

在电力系统远动中，主站与远方终端之间进行实时数据通信时必须事先做出约定，制订必须共同遵守的通信规约。按照远动信息不同的传送方式，远动通信规约分为循环式规约和问答式规约两种。微机远动通信规约的实现取决于应用程序，与硬件独立，所以可以实现各种规约。在一个电力系统中通信规约必须统一。我国已经颁布的电力行业标准 DL 451—1991《循环式远动规约》是参照国际电工委员会的建议，并考虑微机和数据通信技术新成就而制订的全国统一的远动通信规约。

现在正在进行循环与问答兼容传送方式的研究，它兼有 CDT 和 Polling 两种方式的特点，是随着微机通信技术的发展针对上述两种制式的特点而出现的，实用推广还有待时日。

（一）循环式（CDT）通信规约

在循环传送通信方式中，发送端将要发送的信息分组后，按双方约定的规则编成帧，从一帧的开头至结尾依次向接收端发送。全帧信息传送完毕后，又从头至尾传送。这种传送方式实际上是发送端周期性地传送信息帧给接收端，而不顾及接收端的需要，也不要求接收端给予回答，故称之为循环数字传送方式。这种传送方式对传输可靠性要求不很高，因为任一错误信息可望在下一循环中得到它的正确值。在电力系统中，采用循环数字传送方式以厂、站的远动装置为主，周期性地采集信息，并周期性地以循环方式按事先约定的先后次序依次向调度端发送信息。

CDT 通信规约适用于点对点的通信结构。这种方式适用于单工条件，不管接收端的情况，但不适用于共线式通道。

（二）问答式（Polling）通信规约

Polling 通信规约的特点是由调度（主控端）向厂、站（受控端）发送一定信息格式的查询命令（召唤代码），厂、站端响应后按调度端发来的命令传送信息或执行调度命令。在未收到查询命令时，厂、站端的远动装置处于静止状态。用这种方式，可以做到调度端需要什么，厂、站端就传送什么，即按需传送，主动权在主控端。典型的遥测问答式传送方式可以逐个信息地响应，即主控端发出所需要信息的地址，受控端传送回相应的信息；也可以批量传送信息，即主控端发出提取批量信息的命令，受控端按序连续整批传送信息。

虽然各 RTU 只有在接到主站询问后才可以回答（报送数据）。但平时各 RTU 也与循环通信方式一样采集各项数据，不同之处在于这些数据不马上发送，而是存储起来，当主站轮询到本站时才组装发送响应数据。

20 世纪 90 年代，IECTC-57 技术委员会先后发布了 IEC60870-5-101，IEC60870-5-102，IEC60870-5-103，IEC60870-5-104 等四个远动通信标准，我国正在逐步采用这些国际标准。

第四章　变电站和配电网自动化

第一节　变电站综合自动化

一、常规变电站二次系统的特点

变电站是电力网中线路的连接点，作用是变换电压，变换功率，汇集、分配电能。变电站中的电气部分通常被分为一次设备和二次设备。属于一次设备的有不同电压的配电装置和电力变压器。配电装置是交换功率和汇集、分配电能的电气装置的组合设施，它包括母线、断路器、隔离开关、电压互感器、电流互感器、避雷器等。电力变压器是变电站中变换电压的设备，它连接着不同电压的配电装置。有些变电站还由于无功平衡、系统稳定和限制过电压等因素，装有同步调相机、并联电容器、并联电抗器、静止补偿装置、串联补偿装置等。

为了保证变电站电气设备安全、可靠和经济运行，还装有一系列的辅助电气设备，如监视测量仪表、控制及信号器具、继电保护装置、自动装置、远动装置等。上述这些设备通常被称为二次设备。表明变电站中二次设备相互连接关系的电路称为变电站二次回路，也称为变电站二次接线或二次系统。

常规变电站二次系统应用的特点是变电站采用单元间隔的布置形式，主要有以下几方面的问题。

1. 信息不共享。完成测量、控制、保护等功能的二次回路或装置按功能分立设置，分别完成各自的功能，彼此间相关性甚少、互不兼容。

2. 硬件设备和元器件型号多、类别杂，很难达到标准化。二次回路主要由有触点的电磁式设备和元器件组成，也有的由半导体元器件组成，但功能是分立的。同一变电站内不同功能的二次回路设计和设备选择也是分别进行的。

3. 没有自检功能。常规二次系统是一个被动系统，继电保护、自动装置、远动装置等大多不能对自己的状态进行检测，因而也不能发现并指示自身的故障。这种情况使得必须定期对二次设备和回路的功能进行测试和校验。这不仅增加了维护工作量，更重要的是不能及时了解系统的工作状态，保证工作的可靠性。因为设备故障可能发生在刚刚测试和校验之后。

4. 维护工作量大。由于实现不同功能的二次回路是分立设置的，二次设备和元器件之间需要大量的连接电缆和端子。这既增加了投资，又要花费大量的人力去从事众多装置和元器件之间的连接设计配线、安装、调试、修改工作。同时，常规的保护和自动装置多为电磁型或晶体管型，例如晶体管型保护装置，其工作点易受环境温度的影响，因此其整定值必须定期停电检验，每年检验保护定值的工作量相当大，也无法实现远程修改保护或自动装置的定值。

二、变电站自动化

由于常规二次系统有不少不足，因此，随着数字技术和计算机技术的发展，人们开始研究用计算机解决二次回路存在的问题。在有人值班的变电站采用微机进行监控和完成部分管理任务之后，将变电站二次系统提高到了一个新的水平，出现了变电站自动化。

变电站中的微机通常配置屏幕显示器、事故打印机、报表打印机等外围设备。变电站中微机的主要功能如下。

1. 进行巡回监视和召唤测量。

2. 对输入数据进行校验和用软件滤波，对脉冲量进行计数，对开关量的状态进行判别，对被测量进行越限判别、功率总加和电量累计等。

3. 用彩色显示电力网接线图及实时数据、计划负荷和实际负荷、潮流方向以及电压等，当开关变位时，自动显示对应的网络画面，并通过音响和闪光显示提醒运行人员注意，进行报警打印，还能对被测量越限情况和事故顺序进行显示和打印。

4. 进行报表打印，有每隔一小时打印、每天运行日志报表打印、每月典型报表打印、每月电量总加报表打印、开关状态一览表随机显示打印等。

5. 具有人机对话及提示功能，可随机方便地在线修改断路器和隔离开关的状态，修改有关系数和限值，可随机打印和显示测量数据与图形画面，如果条件允许，也可以增加一些管理功能，如定值修改、操作票制作、保护的配置、反事故对策、检修任务单和故障管理等。

在微机监控引入变电站的同时，微机远动装置也在变电站中应用，出现了变电站微机远动终端（RTU）。微机继电保护装置在变电站中应用，出现了变电站微机继电保护装置。至此，变电站二次系统实现了微机化，进入了变电站自动化阶段。

在变电站二次系统实现微机化以前的一个很长时期内，变电站常规二次系统的监控、保护和远动装置是分开设置的。这些装置不仅功能不同，实现的原理和技术也完全不同。它们之间互不相关、互不兼容，彼此独立存在且自成体系。因此，逐步形成了自动、远动和保护等不同的专业和相应的技术部门。

变电站自动化是在变电站常规二次系统的基础上发展起来的。它虽然以微机为基础，但仍然保持了微机监控、微机继电保护和微机远动装置分别设置、分别完成各自的功能及各自自成体系的配置和工作模式。此时的微机监控、微机保护和微机远动仍然分属于不同的专业技术部门。

当代的变电站自动化正从传统的单项自动化向综合自动化方向过渡，而且是电力系统自动化中系统集成最为成功、效益较为显著的一个例子。

三、变电站综合自动化的概念

在变电站采用微机监控、微机继电保护和微机远动装置之后，人们发现，尽管这三种装置的功能不一样，但硬件配置却大体相同。除了微机系统本身外，无非是对各种模拟量的数据采集设备以及 I/O 回路；实现装置功能的手段也基本相同——使用软件；并且各种不同功能的装置所采集的量和要控制的对象也有许多是共同的。例如，微机监控、微机保护和微机远动装置就都要采集电压和电流，而且都控制断路器的分、合。显然，微机监控、微机保护和微机远动等微机装置分立设置存在设备重复、不能充分发挥微机的作用以及存在设备间互联复杂等缺点。

于是自 20 世纪 70 年代末 80 年代初，工业发达国家都相继开展了将微机监控、微机继电保护和微机远动功能统一进行考虑的研究，从充分发挥微机作用、提高变电站自动化水平、提高变电站自动装置的可靠性、减少变电站二次系统连接线等方面对变电站的二次系统进行了全面的研究工作。该项研究经历了约 10 年的时间，随着微机技术、信息传输技术的发展取得了重大突破，于 20 世纪 80

年代末90年代初进入了实用阶段，于是出现了变电站综合自动化，并且展现了极强的生命力。我国变电站综合自动化研究起步于20世纪80年代末，目前已经进入实用阶段。

变电站综合自动化是将变电站的二次设备（包括测量仪器、信号系统、继电保护、自动装置和远动装置等）经过功能的组合和优化设计，利用先进的计算机技术、现代电子技术、通信技术和信号处理技术，实现对全变电站的主要设备和输、配电线路的自动监视、测量、自动控制和保护，以及与调度通信等综合的自动化系统。变电站综合自动化系统中，不仅利用多台微型计算机和大规模集成电路代替了常规的测量、监视仪表和常规控制屏，还用微机保护代替常规的继电保护屏，弥补了常规的继电保护装置不能自检也不能与外界通信的不足。变电站综合自动化可以采集到比较齐全的数据和信息，利用计算机的高速计算能力和逻辑判断能力，可方便地监视和控制变电站内各种设备的运行和操作。

变电站综合自动化技术是自动化技术、计算机技术和通信技术等高科技在变电站领域的综合应用。在综合自动化系统中，由于综合或协调工作的需要，网络技术、分布式技术、通信协议标准、数据共享等问题，必然成为研究综合自动化系统的关键问题。

四、变电站综合自动化系统的基本功能

变电站综合自动化系统的基本功能体现在下述5个子系统的功能中。

（一）监控子系统

监控子系统应取代常规的测量系统，取代指针式仪表；改变常规的操作机构和模拟盘，取代常规的告警、报警、中央信号、光字牌；取代常规的远动装置等。总之，其功能应包括以下几部分内容：数据量采集（包括模拟量、开关量和电能量的采集）；事件顺序记录（SOE），故障记录、故障录波和故障测距，操作控制功能，安全监视功能，人机联系功能，打印功能，数据处理与记录功能，谐波分析与监视功能等。

（二）微机保护子系统

微机保护是综合自动化系统的关键环节。微机保护应包括全变电站主要设备和输电线路的全套保护，具体有高压输电线路的主保护和后备保护、主变压器的主保护和后备保护、无功补偿电容器组的保护、母线保护、配电线路的保护、不

完全接地系统的单相接地选线等。电力系统继电保护、变电站综合自动化课程中有更详细的介绍与讨论，本书不再讨论。

（三）电压、无功综合控制子系统

在配电网中，实现电压合格和无功基本就地平衡是非常重要的控制目标。在运行中.能实时控制电压/无功的基本手段是有载调压变压器的分接头调挡和无功补偿电容器组的投切。

目前多采用一种九区域控制策略进行电压/无功自动控制，这种电压/无功控制是一种局部自动电压控制（AVC），还不是采集全网数据进行优化控制以实现总网损最低的全网 AVC。由于点多面广，实现全网优化的 AVC 难度是比较大的。

另一个需注意的问题是每天分接头挡位调节和电容投切次数均需有一定限制，过于频繁的调节对设备寿命十分不利，甚至会引发事故。已有软件对此给予了约束。

（四）低频减负荷及备用电源自投控制子系统

低频减负荷是一种“古老”的自动装置。它是当电力系统有功严重不足使系统频率急剧下降时，为保持系统稳定而采取的一种“丢车保帅”手段。

但传统常规的低频减负荷有着很大的缺点：例如某一回路已被定为第一轮切负荷对象，可是此时该回路负荷很小，切了它也起不到多少作用，如果第一轮各回路中这种情况多几个，则第一轮切负荷就无法挽救局势。

在变电站综合自动化系统中，可以避免这种情况。当监测到该回路负荷很小时，可不切除它，而改切另一路负荷大的备选回路。这就改变了“呆板”形象，而具有了一定的智能。

（五）通信子系统

通信功能包括站内现场级之间的通信和变电站自动化系统与上级调度的通信两部分。

1.综合自动化系统的现场级通信。主要解决自动化系统内部各子系统与上位机（监控主机）及各子系统间的数据通信和信息交换问题。通信范围是变电站内部。对于集中组屏的综合自动化系统，就是在主控室内部；对于分散安装的自动化系统，其通信范围扩大至主控室与各子系统的安装地（开关室），通信距离加长了一些。

现场级的通信方式有并行通信、串行通信、局域网络和现场总线等多种方式。

2. 综合自动化系统与上级调度通信。综合自动化系统应兼有 RTU 的全部功能，能够将所采集的模拟量和开关状态信息，以及事件顺序记录等传至调度端；同时应能接收调度端下达的各种操作、控制、修改定值等命令，即完成新型 RTU 的全部四遥及其他功能。

通信子系统的通信规约应符合部颁标准，最常用的有 POLLING 和 CDT 两类规约。

五、变电站综合自动化的结构形式

变电站综合自动化系统的发展与集成电路、计算机、通信和网络等方面的技术发展密切相关。随着这些高科技技术的不断发展，综合自动化系统的体系结构也不断发生变化，其性能和功能以及可靠性等也不断提高。从国内外变电站综合自动化系统的发展过程来看，其结构形式有集中式、分布集中式、分散与集中相结合式和全分散式等四种。

（一）集中式的结构形式

集中式的综合自动化系统，是指集中采集变电站的模拟量、开关量和数字量等信息，集中进行计算与处理，再分别完成微机监控、微机保护和一些自动控制等功能。集中式结构不是指由一台计算机完成保护、监控等全部功能。集中式结构的微机保护、微机监控和与调度通信的功能可以由不同计算机完成，只是每台计算机承担的任务多些。这种结构形式的存在与当时的微机技术和通信技术的实际情况是相关的。在国外，20 世纪 60 年代由于电子数字计算机和小型机价格昂贵，只能是高度集中的结构形式。我国变电站综合自动化研究初期也是以集中式结构为主导。

这种集中式的结构是根据变电站的规模，配置相应容量的集中式保护装置和监控主机及数据采集系统，将它们安装在变电站中央控制室内。

主变压器和各进出线及站内所有电气设备的运行状态，通过 TA、TV 经电缆传送到中央控制室的保护装置和监控主机（或远动装置）。继电保护动作信息往往取自保护装置的信号继电器的辅助触点，通过电缆送给监控主机（或远动装置）。

这种集中式结构系统造价低，且其结构紧凑、体积小，可大大减少占地面积。其缺点是软件复杂，修改工作量很大，系统调试麻烦；且每台计算机的功能较集中，如果一台计算机出故障，影响面大，因此必须采用双机并联运行的结构才能提高可靠性。另外，该结构组态不灵活，对不同主接线或规模不同的变电站，软、硬件都必须另行设计，二次开发的工作量很大，因此影响了批量生产，不利于推广。

（二）分层（级）分布式系统集中组屏的结构形式

所谓分布式结构，是在结构上采用主从 CPU 协同工作方式，各功能模块（通常是各个从 CPU）之间采用网络技术或串行方式实现数据通信，多 CPU 系统提高了处理并行多发事件的能力，解决了集中式结构中独立 CPU 计算处理的瓶颈问题，方便系统扩展和维护，局部故障不影响其他模块（部件）正常运行。

所谓分层式结构，是将变电站信息的采集和控制分为管理层、站控层和间隔层三个级分层布置。

间隔层按一次设备组织，一般按断路器的间隔划分，具有测量、控制和继电保护部分。测量、控制部分负责该单元的测量、监视、断路器的操作控制和连锁，以及事件顺序记录等；保护部分负责该单元线路或变压器或电容器的保护、各种录波等。因此，间隔层本身是由各种不同的单元装置组成，这些独立的单元装置直接通过总线接到站控层。

站控层的主要功能是作为数据集中处理和保护管理，担负着上传下达的重要任务。一种集中组屏结构的站控层设备是保护管理机和数采控制机。正常运行时，保护管理机监视各保护单元的工作情况，一旦发现某一保护单元本身工作不正常，立即报告监控机，并报告调度中心。如果某一保护单元有保护动作信息，也通过保护管理机，将保护动作信息送往监控机，再送往调度中心。调度中心或监控主机也可通过保护管理机下达修改保护定值等命令。数采控制机则将数采单元和开关单元所采集的数据和开关状态送往监控机和调度中心，并接受由调度或监控机下达的命令。总之，这第二层管理机的作用是可明显减轻监控机的负担，协助监控机承担对间隔层的管理。

变电站的监控主机或称上位机，通过局域网络与保护管理机和数采控制机以及控制处理机通信。监控机的作用，在无人值班的变电站，主要负责与调度中心的通信，使变电站综合自动化系统具有 RTU 的功能，完成“四遥”的任务；在有人值班的变电站，除了仍然负责与调度中心通信外，还负责人机联系，使综合自动化系统通过监控机完成当地显示、制表打印、开关操作等功能。

分层分布式系统集中组屏结构的特点如下。

1. 由于分层分布式结构配置在功能上采用“可以下放的尽量下放”的原则，凡是可以在本间隔层就地完成的功能，绝不依赖通信网。这样的系统结构与集中式系统比较，明显优点是：可靠性高，任一部分设备有故障时，只影响局部，可扩展性和灵活性高；站内二次电缆大大简化，节约投资也简化维护。分布式系统为多 CPU 工作方式，各装置都有一定数据处理能力，从而大大减轻了主控制机的负担。

2. 继电保护相对独立。继电保护装置的可靠性要求非常严格，因此，在综合自动化系统中，继电保护单元宜相对独立，其功能不依赖于通信网络或其他设备。通过通信网络和保护管理机传输的只是保护动作的信息或记录数据。

3. 具有和系统控制中心通信的能力。综合自动化系统本身已具有对模拟量、开关量、电能脉冲量进行数据采集和数据处理的功能，还收集继电保护动作信息、事件顺序记录等，因此不必另设独立的 RTU，不必为调度中心单独采集信息。综合自动化系统采集的信息可以直接传送给调度中心，同时也可以接受调度中心下达的控制、操作命令和在线修改保护定值命令。

4. 模块化结构，可靠性高。综合自动化系统中的各功能模块都由独立的电源供电，输入 / 输出回路也相互独立，因此任何一个模块故障都只影响局部功能，不会影响全局。由于各功能模块都是面向对象设计的，所以软件结构较集中式的简单，便于调试和扩充。

5. 室内工作环境好，管理维护方便。分层分布式系统采用集中组屏结构，屏全部安放在控制室内，工作环境较好，电磁干扰比放于开关柜附近弱，便于管理和维护。

分布集中式机构的主要缺点是安装时需要的控制电缆相对较多，增加了电缆投资。

（三）分布式与集中式相结合的结构

分布式的结构，虽具备分级分层、模块化结构的优点，但因为采用集中组屏结构，因此需要较多的电缆。随着微控制器技术和通信技术的发展，可以考虑按每个电网元件为对象，集测量、保护、控制为一体，设计在同一机箱中。对于

6 ~ 35 kV 的配电线路，这样一体化的保护、测量、控制单元就分散安装在各开关柜内，构成所谓智能化开关柜，然后通过光纤或电缆网络与监控主机通信，这就是分布式结构。考虑环境等因素，高压线路保护和变压器保护装置仍可采用组屏安装在控制室内。这种将配电线路的保护和测控单元分散安装在开关柜内，而高压线路保护和主变压器保护装置等采用集中组屏的系统结构，就称为分布和集中相结合的结构。这是当前综合自动化系统的主要结构形式，也是今后的发展方向。

六、变电站综合自动化的优点

变电站综合自动化为电力系统的运行管理自动化水平的提高打下了基础。它具有如下优点。

1. 简化了变电站二次部分的硬件配置，避免了重复。因为各子站采集数据后，可通过 LAN 共享。例如，就地监控和远动所需要的数据不再需要自己的采集硬件，专用的故障录波器也可以省去，常规的控制屏、中央信号屏、站内的主接线模拟屏等都可以取消。配电线路的保护和测控单元，分散安装在各开关柜内，减少了主控室保护屏的数量，因此使主控室面积大大缩小，利于实现无人值班。

2. 简化了变电站各二次设备之间的连线。因为系统的设计思想是子站按一次设备为单元组织，例如一条出线一个子站，而每个子站将所有二次功能组织成一个或几个箱体，装在一起。不同子站之间除用通信媒介连成 LAN 外，几乎不再需要任何连线。从而使变电站二次部分连线变得非常简单和清晰，尤其是当保护下放时，所节省的强电电缆数量是相当可观的。

3. 减轻了安装施工和维护工作量，也降低了总造价。由于各子站之间没有互联线，而每个子站的智能化开关柜的保护和测控单元在开关柜出厂前已由厂家安装和调试完毕，再加上敷设电缆数量大大减少，因此现场施工、安装和调试的工期都大大缩短，实践证明总造价可以下降。实际上还应计及因维护工作量下降（可无人值班）减少的运行费用。

4. 系统可靠性高，组态灵活，检修方便。分层分布式结构，由于分散安装，减小了 TA 的负担。各模块与监控主机间通过局域网络或现场总线连接，抗干扰能力强，可靠性高。

第二节　配电网及其馈线自动化

一、配电网的构成及特点

电力网分为输电网和配电网。从发电厂发出的电能通过输电网送往消费电能的地区，再由配电网将电力分配至用户。所谓配电网就是从输电网接收电能，再分配给各用户的电力网。配电网也称为配电系统。

配电网和输电网，原则上是按照它们发展阶段的功能划分的，而具体到一个电力系统中，是按照电压等级确定的。不同的国家对输电网和配电网的电压等级划分是不一致的。

我国规定：输（送）电电压为 220 kV 及以上为输电网；配电电压等级分为三类，即高压配电电压（110 kV、60 kV、35 kV）、中压配电电压（10 kV）、低压配电电压（380/220 V）。与上述电压等级相对应，配电网按电压等级又可分为高压配电网、中压配电网和低压配电网。

（一）配电变电站

配电变电站是变换供电电压、分配电力并对配电线路及配电设备实现控制和保护的配电设施。它与配电线路组成配电网，实现分配电力的功能。配电变电站接受电力的进线电压通常较高，经过变压之后以一种或两种较低的电压为出线电压输出电力。

在我国，常将 10/0.4 kV 具备配电和变电功能的配电变电站称为配电所；对于不具备变电功能而只具备配电功能的配电装置简称为开关站。安装在架空配电线路上用作配电的变压器实际上是一种最简单的中压配电变电所。这种变压器接线简单，一路中压进线，经变压后的低压线路沿街道的各个方向分成几路向用户供电。这种变压器通常放在电线杆上（也有放在地面上的），在变压器的高、低压侧分别装有跌落式熔断器和熔丝作为过电流保护，装有避雷器作为防雷保护。

这种中压配电变压器通常被称为配电变压器。

（二）配电线路

配电线路是向用户分配电能的电力线路。我国将 110 kV 及以下的电力线路都列为配电线路，其中较高电压等级的配电线路，在农村配电网和小城市中往往成为该配电网的唯一电源线，因而也会起到输电作用。

按运行电压不同，配电线路可分为高压配电线路（35 ~ 110 kV）（或称次输电线路）、中压配电系统（10 kV）（或称一次配电系统）和低压配电线路（220/380 V）（或称二次配电线路）三类。各级电压的配电线路可以构成配电网，也可以直接以专线向用户供电。按结构不同，配电线路可分为架空配电线路与电缆配电线路；按供电对象不同，可分为城市配电线路与农村配电线路。

配电网由配电变电站和配电线路组成。通过各种电力元件（包括变压器、母线、断路器、隔离开关、配电线路）可以将配电网连成不同结构。配电网基本分为放射式和环式两大类型。在放射式结构中，电能只能通过单一路径从电源点送至用电点；在网式结构中，电能可以通过两个以上的路径从电源点送往用电点。网式结构又可分为多回路式、环式和网络式三种。

（三）配电网的特点

1. 点多、面广、分散。配电网处于电力网的末端，它一头连着电力系统的输电网，一头连着电能用户，直接与城乡企、事业单位以及千家万户的用电设备和电器相连接。这就决定了配电网是电力系统中分布面积最广、电力设备数量最多、线路最长的一部分。

2. 配电线路、开关电器和变压器结合在一起。在输电网和高压配电网中，电力线路从一座变电站（或发电厂）出来接到另一座变电站去，中间除了电力线路以外就不再经过其他电力元件了。而在中压配电网和低压配电网中则不完全是这样。一条配电线路从高压配电变电站出来（出线电压在我国为 10 kV）往往就进入城市的一条街道。配电线沿街道延伸的同时，会在电线杆上留下一个个杆上变压器、断路器和跌落式熔断器。这些杆上电力元件和配电线结合在一起，像是配电线路的一部分。这些杆上电力元件不仅数量多、分散，而且工作环境恶劣（日晒、雨淋、冰雪、霜冻、风吹、结露等）。

二、馈线自动化的主要组成

馈线自动化（FA）指配电线路的自动化，是配网自动化的一项重要功能。由于变电站自动化是相对独立的一项内容，实际上在配网自动化实现以前，馈线自动化就已经发展并完善，因此在一定意义上可以说配网自动化指的就是馈线自动化。不管是国内还是国外，在实施配网自动化时，也确实都是从馈线自动化开始的。

在正常状态下，馈线自动化实时监视馈线分段开关与联络开关的状态，以及馈线电流、电压情况，实现线路开关的远方或就地合闸和分闸操作；在故障时，获得故障记录，并能自动判别和隔离馈线故障区段，迅速对非故障区域恢复供电。

（一）馈线终端

配电网自动化系统远方终端有以下几种。

1. 馈线远方终端，包括馈线终端设备（FTU）和配电终端设备（DTU）。

2. 配电变压器远方终端（TTU）。

3. 变电所内的远方终端（RTU）。

FTU 分为三类：户外柱上 FTU，环网柜 FTU 和开闭所 FTU。所谓 DTU，实际上就是开闭所 FTU。三类 FTU 应用场合不同，分别安装在柱上、环网柜内和开闭所。但其基本功能是一样的，都包括遥信、遥测和遥控，以及故障电流检测等功能。

FTU/TTU 在配电管理系统（DMS）中的地位和作用和常规 RTU 在输电网能量管理系统（EMS）中的地位和作用是等同的。但是配电网远方终端并不等同于传统意义上的 RTU。一方面，配电自动化远方终端除了完成 RTU 的四遥功能外，更重要的是它还需完成故障电流检测、低频减载和备用电源自投等功能，有时甚至还需要提供过流保护等原来属于继电保护的功能。因而从某种意义上讲，配电远方终端比 RTU 的智能化程度更高，实时性要求也更高，实现的难度也就更大。另一方面，传统的 RTU 往往或集中安装在变电所控制室内，或分层分布地安装在变电所各开关柜上，但总的来说基本上都安装在环境相对较好的户内。而配电自动化远方终端不同，虽然它也有少量设备安装在户内（开闭所 FTU），但更多的设备往往安装在电线杆上、马路边的环网柜内等环境非常恶劣的户外，因而对配电自动化远方终端设备的抗震、抗雷击、低功耗、耐高低温等性能要求比传统 RTU 要高得多。

（二）重合器

自动重合器是一种能够检测故障电流，在给定时间内断开故障电流并能进行给定次数重合的一种有“自具”能力的控制开关。所谓自具，即本身具有故障电流检测和操作顺序控制与执行的能力，无须附加继电保护装置和另外的操作电源，也不需要与外界通信。现有的重合器通常可进行三到四次重合。如果重合成功，重合器则自动中止后续动作，并经一段延时后恢复到预先的整定状态，为下一次故障做好准备。如果故障是永久性的，则重合器经过预先整定的重合次数后，就不再进行重合，即闭锁于开断状态，从而将故障线段与供电源隔离开来。

重合器在开断性能上与普通断路器相似，但比普通断路器有多次重合闸的功能；在保护控制特性方面，则比断路器的“智能”高很多，能自身完成故障检测，判断电流性质，执行开合功能，并能记忆动作次数，恢复初始状态，完成合闸闭锁等。

不同类型的重合器，其闭锁操作次数、分闸快慢动作特性及重合间隔时间等不尽相同，其典型的“四次分段、三次重合”的操作顺序为：分 $\xrightarrow{t_1}$ 合分 $\xrightarrow{t_2}$ 合分 $\xrightarrow{t_2}$ 合分。其中 t_1、t_2 可调，随产品不同而异。重合次数及重合闸间隔时间可以根据运行中的需要调整。

（三）分段器

分段器是提高配电网自动化程度和可靠性的又一种重要设备。分段器必须与电源侧前级主保护开关（断路器或重合器）配合，在无压的情况下自动分闸。当发生永久性故障时，分段器在预定次数的分合操作后闭锁于分闸状态，从而达到隔离故障线路区段的目的。若分段器未完成预定次数的分合操作，故障就被其他设备切除了，分段器将保持在合闸状态，并经一段延时后恢复到预先整定状态，为下一次故障做好准备。分段器可开断负荷电流、关合短路电流，但不能开断短路电流，因此不能单独作为主保护开关使用。

电压－时间型分段器有两个重要参数需要整定：时限 X 和时限 Y。时限 X 是指从分段器电源侧加压开始，到该分段器合闸的时间，也称为合闸时间。时限 Y 称为故障检测时间，它的作用是：当分段器关合后，如果在 Y 时间内一直可检测到电压，则 Y 时间之后发生失压分闸，分段器不闭锁，当重新来电时还会合闸（经 X 时限）；如果在 Y 时间内检测不到电压，则分段器将发生分闸闭锁，即断开后来电也不再闭合。$X > Y > t_1$（t_1 为从分段器源端断路器或重合器检测到故障起到跳闸止的时间）。

电压—时间型分段器有两种功能：第一种是在正常运行时闭合的分段开关；第二种是正常运行时断开的分段开关。当电压—时间型分段器作为环状网的联络开关并开环运行时，作为联络开关的分段器应当设置在第二种功能；而其余的分段器则应当设置在第一种功能。

三、馈线自动化的实现方式

馈线自动化方案可分为就地控制和远方控制两种类型。前一种依靠馈线上安装的重合器和分段器自身的功能来消除瞬时性故障和隔离永久性故障，不需要和控制中心通信即可完成故障隔离和恢复供电；而后一种是由 FTU 采集到故障前后的各种信息并传送至控制中心，由分析软件分析后确定故障区域和最佳供电恢复方案，最后以遥控方式隔离故障区域，恢复正常区域供电。

就地控制方式的优点是，故障隔离和自动恢复送电由重合器自身完成，不需要主站控制，因此在故障处理时对通信系统没有要求，所以投资省、见效快。其缺点是，这种实现方式只适用于配电网络相对比较简单的系统，而且要求配电网运行方式相对固定。另外，这种实现方式对开关性能要求较高，而且多次重合对设备及系统冲击大。早期的配网自动化只是单纯地为了隔离故障并恢复非故障区供电，还没有提出配电系统自动化或配电管理自动化，就地控制方式是一种普遍的馈线自动化实现方式。

远方控制方式由于引入了配电自动化主站系统，由计算机系统完成故障定位，因此故障定位迅速，可快速实现非故障区段的自动恢复送电，而且开关动作次数少，对配电系统的冲击也小。其缺点是需要高质量的通信通道及计算机主站，投资较大，工程涉及面广、复杂；尤其是对通信系统要求较高，在线路故障时，要求相应的信息能及时传送到上级站，上级站发送的控制信息也能迅速传送到 FTU。

比较就地控制和远方控制两种实现方式，虽然在总体价格上，就地控制方式由于不需要主站控制，对通信系统没有要求而有一定的优势，但是就配电网络本身的改造来看，就地控制所依赖的重合器的价位要数倍于负荷开关，这在一定程度上妨碍了该方案的大范围使用。相比之下，远方控制所依赖的负荷开关在城网改造项目中具有价格上的优势，在保证通信质量的前提下，主站软件控制下的故障处理能够满足快速动作的要求。因此，从总体上来说，远方控制比就地控制方式具有明显的优势，而且随着电子技术的发展，电子、通信设备的可靠性不断提高，计算机和通信设备的造价也会愈来愈低，预计将来会广泛地采用配电自动化主站系统配合遥控负荷开关、分段器实现故障区段的定位、隔离及恢复供电，能够克服就地控制方式的缺点。

四、远方控制的馈线自动化

前面已经介绍过，FTU 是一种具有数据采集和通信功能的柱上开关控制器。在故障时，FTU 将故障时的信息通过通道送到变电站，与变电站自动化的遥控功能相配合，对故障进行一次性的定位和隔离。这样，既免去了由于开关试投所增加的冷负荷，又可大大加速自动恢复供电的时间（由大于 20 min 加快到约 2 min）。此外，如有需要，还可以自动启动负荷管理系统，切除部分负荷，以解决可能还需对付的冷负荷问题。

典型的基于 FTU 的远方控制馈线自动化系统中，各 FTU 分别采集相应柱上开关的运行情况，如负荷、电压、功率和开关当前位置、储能完成情况等，并将上述信息由通信网络发向远方的配电网自动化控制中心。各 FTU 接受配电网控制中心下达的命令进行相应的远方倒闸操作。在故障发生时，各 FTU 记录下故障前及故障时的重要信息，如最大故障电流和故障前的负荷电流、最大故障功率等，并将上述信息传至配电网控制中心，经计算机系统分析后确定故障区段和最佳供电恢复方案，最终以遥控方式隔离故障区段、恢复正常区段供电。

第三节 远程自动抄表计费系统

一、概述

随着现代电子技术、通信技术以及计算机及其网络技术的飞速发展，电能计量手段和抄表方式也发生了根本的变化。电能自动抄表系统（AMR）是一种采用通信和计算机网络技术，将安装在用户处的电能表所记录的用电量等数据，通过遥测、传输汇总到营业部门，代替人工抄表及后续相关工作的自动化系统。

电能自动抄表系统的实现提高了用电管理的现代化水平。采用自动抄表系统，不仅能节约大量人力资源，更重要的是可提高抄表的准确性，减少因估计或誊写而造成的账单出错，使供用电管理部门能得到及时准确的数据信息。同时，电力用户不再需要与抄表者预约抄表时间，还能迅速查询账单，因此自动抄表系统也深受用户的欢迎。随着电价的改革，供电部门为迅速出账，需要从用户处尽快获取更多的数据信息，如电能需量、分时电量和负荷曲线等，使用自动抄表系统可以方便地完成上述功能。电能自动抄表计费系统已成为配电网自动化的一个重要组成部分。

二、远程自动抄表系统的构成

远程自动抄表系统主要包括四个部分：具有自动抄表功能的电能表、抄表集中器、抄表交换机和中央信息处理机。抄表集中器是将多台电能表连接成本地网络，并将它们的用电量数据集中处理的装置，其本身具有通信功能，且含有特殊软件。当多台抄表集中器需再联网时，所采用的设备就称为抄表交换机，它可与公共数据网接口。有时抄表集中器和抄表交换机可合二为一。中央信息处理机是利用公用数据网将抄表集中器所集中的电能表数据抄回并进行处理的计算机系统。

（一）电能表

具有自动抄表功能，能用于远程自动抄表系统的电能表有脉冲电能表和智能电能表两大类。

1. 脉冲电能表。它能够输出与转盘数成正比的脉冲串。根据其输出脉冲的实现方式的不同，又可分为电压型脉冲电能表和电流型脉冲电能表两种。电压型电能表的输出脉冲是电平信号，采用三线传输方式，传输距离较近；而电流型表的输出脉冲是电流信号，采用两线传输方式，传输距离较远。

2. 智能电能表。它传输的不是脉冲信号，而是通过串行口，以编码方式进行远方通信，因而准确、可靠。按智能电能表的输出接口通信方式划分，智能电能表可分为 RS-485 接口型和低压配电线载波接口型两类。RS-485 智能电能表是在原有电能表内增加了 RS-485 接口，使之能与采用 RS-485 型接口的抄表集中器交换数据；载波智能电能表则是在原有电能表内增加了载波接口，使之能通过

220 V 低压配电线与抄表集中器交换数据。

3. 电能表的两种输出接口比较。输出脉冲方式可以用于感应式和电子式电能表，其技术简单，但在传输过程中，容易发生丢脉冲或多脉冲现象，而且由于不可以重新发送，当计算机因意外中断运行时，会造成一段时间内对电能表的输出脉冲没有计数，导致计量不准。此外，输出脉冲方式电能表的功能单一，一般只能输送电能信息，难以获得最大需量、电压、电流和功率因数等多项数据。

串行通信接口输出方式可以将采集的多项数据以通信规约规定的形式做远距离传输，一次传输无效，还可以再次传输，这样抄表系统即使暂时停机也不会对其造成影响，保证了数据上传的可靠。但是串行通信方式只能用于采用微处理器的智能电子式电能表和智能机械电子式电子表，而且由于通信规约的不规范，各厂家的设备之间不便于互连。

（二）抄表集中器和抄表交换机

抄表集中器是将远程自动抄表系统中的电能表的数据进行一次集中的装置。对数据进行集中后，抄表集中器再通过电力载波等方式将数据继续上传。抄表集中器能处理脉冲电能表的输出脉冲信号，也能通过 RS-485 方式读取智能电能表的数据，通常具有 RS-232、RS-485 方式或红外线通道用于与外部交换数据。

抄表交换机是远程抄表系统的二次集中设备。它集结的是抄表集中器的数据，然后再通过公用电话网或其他方式传输到电能计费中心的计算机网络。抄表交换机可通过 RS-485 或电力载波方式与各抄表集中器通信，而且也具有 RS-232、RS-485 方式或红外线通道用于与外部交换数据。

（三）电能计费中心的计算机网络

电能计费中心的计算机网络是整个自动抄表系统的管理层设备，通常由单台计算机或计算机局域网再配合以相应的抄表软件组成。

第四节　负荷控制技术

一、电力系统负荷控制的必要性及其经济效益

电力系统负荷控制系统是实现计划用电、节约用电和安全用电的技术手段，

也是配电自动化的一个重要组成部分。

不加控制的电力负荷曲线是很不平坦的，上午和傍晚会出现负荷高峰，而在深夜，负荷很小又形成低谷。一般最小日负荷仅为最大日负荷的40%左右。这样的负荷曲线对电力系统是很不利的。从经济方面看，如果只是为了满足尖峰负荷的需要而大量增加发电、输电和供电设备，在非峰负荷时间里就会形成很大的浪费，可能有占容量1/5的发变电设备每天仅仅工作一两个小时！而如果按基本负荷配备发变电设备容量，又会使1/5的负荷在尖峰时段得不到供电，也会造成很大的经济损失。上述矛盾是很尖锐的。另外，为了跟踪负荷的高峰和低谷，一些发电机组要频繁地启停，既增加了燃料的消耗，又缩短了设备的使用寿命。同时，这种频繁的启停，以及系统运行方式的相应改变，都必然会增加电力系统故障的机会，影响安全运行，从技术方面看对电力系统也是不利的。

如果通过负荷控制，削峰填谷，使日负荷曲线变得比较平坦，就能够使现有电力设备得到充分利用，从而推迟扩建资金的投入，并可减少发电机组的启停次数，延长设备的使用寿命，降低能源消耗；同时对稳定系统的运行方式、提高供电可靠性也大有益处。对用户来说，如果让峰用电，也可以减少电费支出。因此，建立一种市场机制下用户自愿参与的负荷控制系统，会形成双赢或多赢的局面。

二、负荷控制装置的种类

目前，电力系统中运行的有分散负荷控制装置和远方集中负荷控制系统两种。分散的负荷控制装置功能有限，不灵活，但价格便宜，可用于一些简单的负荷控制。例如，用定时开关控制路灯和固定让峰装置设备；用电力定量器控制一些用电指标比较固定的负荷等。远方集中负荷控制系统的种类比较多，根据采用的通信传输方式和编码方法的不同，可分为音频电力负荷控制系统、无线电电力负荷控制系统、配电线载波电力负荷控制系统、工频负荷控制系统和混合负荷控制系统五类。在我国，负荷控制方式主要有无线电负荷控制和音频负荷控制，此外还有工频负荷控制、配电线载波负荷控制和电话线负荷控制等。在欧洲多采用音频控制，在北美较多采用无线电控制方式。

电力负荷控制系统由负荷控制中心和负荷控制终端组成。电力负荷控制中心是可对各负荷控制终端进行监视和控制的主控站，应当与配电调度控制中心集成在一起。电力负荷控制终端是装设在用户处，受电力负荷控制中心的监视和控制的设备，也称被控端。

负荷控制终端又可分为单向终端和双向终端两种。单向终端只能接收电力负荷控制中心的命令；双向终端能与电力负荷控制中心进行双向数据传输和实现当地控制功能。

三、负荷控制系统的基本层次

根据目前负荷管理的现状，负荷控制系统以市（地）为基础较合适。在规模不大的情况下，可不设县（区）负荷控制中心，而让市（区）负荷控制中心直接管理各大用户和中、小重要用户。

四、无线电负荷控制系统

在配电控制中心内装有计算机控制的发送器。当系统出现尖峰负荷时，按事先安排好的计划发出规定频带（目前为特高频段）的无线电信号，分别控制一大批可控负荷。在参加负荷控制的负荷处装有接收器，当收到配电控制中心发出的控制信号时，将负荷开关跳开。这种控制方式适合于控制范围不大、负荷比较密集的配电系统。

国家无线电管理委员会已为电力负荷监控系统划分了可用频率，并规定调制方式为移频键控（数字调频）方式（2FSK-FM），传输速率为 50 ~ 600 bk/s。具体使用的频率要与当地无线电管理机构商定。

在无线电信息传输过程中，信号受到干扰的可能性很大，会影响负荷控制的可靠性。为了提高信号传输过程中的抗干扰能力，常采取一些特殊的编码。比如编码方式可以采用三个频率组成一个码位，每一位都由具有固定持续时间和顺序的三个不同频率组成。每个频率的持续时间为 15 ms，每一位码为 45 ms，每个码位间隔 5 ms。当音调顺序为 ABC 时，表示该码元为“1”；当音调顺序为 ACB 对，则表示该码元为“0”。每 15 位码元组成一组信息码，持续时间为 750 ms。译码器必须按每一码元的频率、顺序和每一频率的持续时间接收、鉴别和译码。要对每一码元进行计数，如果不是 15 位就认为有误而拒收。在一组码中，前面 7 位是被控对象的地址码，接下去 2 位是功能码（有告警、控制、开关状态显示、模拟量遥测四种功能），最后 6 位为数据码，即告警代号、开关号或模拟量的读数。

主控制站利用控制设备和无线电收发信装置发出指令，可同时控制 128 个被控站。主控制站也能从被控站接收各种信息，并自动打印和显示出来，同时存入磁盘中供分析检查之用。

五、音频负荷控制系统

音频负荷控制系统是指将 167 ~ 360 Hz 的音频电压信号叠加到工频电力波形上，直接传送到用户进行负荷控制的系统。这种方式利用配电线作为信息传输的媒体，是最经济的传送控制信号的方法，适合于控制范围很广的配电系统。

音频控制的工作方式与电力线载波类似，只是载波频率为音频范围。与电力线载波相比，它传播更有效，有较好的抗干扰能力。在选择音频控制频率时，要避开电网的各次谐波频率，选定前要对电网进行测试，使选用的频率具有较好的传输特性，又不受电网谐波的影响。目前，世界上各国选用的音频频率各不相同，例如，德国为 183.3 Hz 和 216.6 Hz，法国是 175 Hz，也有采用 316.6 Hz。另外，采用音频控制的相邻电网，要选用不同的频率。

因为音频信号也是工频电源的谐波分量，它的电平太高会给用户的电器设备带来不良影响。多种试验研究表明：注入到 10 kV 级时，音频信号的电平可为电网电压的 1.3% ~ 2%；注入到 110 kV 级时，则可高到 2% ~ 3%。音频信号的功率约为被控电网功率的 0.1% ~ 0.3%。

六、负荷管理与需方用电管理

负荷管理（LM）的直观目标，就是通过削峰填谷使负荷曲线尽可能变得平坦。这一目标的实现，有的由 LM 独立完成，有的则需与配电 SCADA、配电网地理信息系统的自动绘图（AM）、设备管理（FM）和地理信息系统（GIS）及其他高级应用软件（PAS）配合实现。

需方用电管理（DSM）则从更大的范围来考虑这一问题。它通过发布一系列经济政策以及应用一些先进的技术来影响用户的电力需求，以达到减少电能消耗、推迟甚至少建新电厂的效果。这是一项充分调动用户参与积极性，充分利用电能，进而改善环境的一项系统工程。

第五节　配电网综合自动化

配电网综合自动化是近几年才出现的，基本特点是综合考虑配电网的监控、保护、远动和管理等工作，构成一个综合系统来完成传统方式中由分立的监控、保护、远动和管理装置完成的工作。为了对配电网综合自动化有一个较系统的了解，下面介绍一个我国自行研制开发的“城市配电网综合自动化系统”。该系统是针对城市配电网的中低压配电网实现的，主要有以下三个特点。

1. 柱上开关综合远动装置具有远动终端（FTU）、断路器控制和继电保护装置的功能，这是“综合”的第一层含义。

2. 实现了配电线载波通信，经济可靠，较好地解决了配电网自动化中的通信问题，为实现配电网综合自动化提供了物质保证。

3. 实现了配电网自动监视与控制、配电网在线管理，用户用电量自动化抄表和偷漏电自动监测三者的协调统一，这是“综合”的第二层含义。

一、系统结构

比如城市配电网综合自动化系统的中压（10 kV）配电网是环网或双端供电结构，每台中压配电变压器都能从两侧获得电源。中压配电网沿城市街道配置。低压（220/380 V）配电网配置在大街小巷向用户供电。整个配电网由设在配电网调度所的 4 台微型计算机控制和管理，其中，1PKJ 和 2PKJ 为配电网调度控制计算机，YGJ 为用电管理计算机，PGJ 为配电管理计算机。柱上开关综合远动装置、变压器终端、远程抄表终端、电表探头等完成现场任务。由于该配电网自动化系统的二次设备均以微处理器为基础构成，实际上每一个终端设备都是一台微型计算机。

系统中配电网调度所内的调度控制计算机、配电管理计算机、用电管理计算机以及公用外设（如打印机管理站、电子模拟盘接口）等设备之间采用局域网方式通信。该局域网还可与上级调度所 SCADA 系统、中压通信网等网络通过网关和网桥联网。

局域网的主要特点是信息传输距离比较近，把较小范围内的数据设备连接起来，相互通信。局域网大多用于企、事业单位的管理和办公自动化。局域网可以和其他局域网或远程网相连。局域网有如下特点。

1. 传输距离较近，一般为 0.1 ~ 10 km。

2. 数据传输速率较高，通常为 1 ~ 20 Mbit/s。

3. 误码率较低，一般为 10^{-8} ~ 10^{-7}。

城域网是指配电网调度所到高压配电站之间的数据信息通信网。城域网的通信信道在城市中压配电网自动化系统建设之前即已经形成，它可是电缆、载波或微波。在城域网中，各变电站网关与配电网调度所的局域网相连，无中继时通信距离可达 30 km。

中压通信网是系统数据通信网的第三级。它以 10 kV 电力线载波作信道，将众多柱上开关的综合远动装置、变压器远动终端、远程抄表终端与高压变电站网关按总线方式连接。每个变电站构成一个中压通信网络。高压变电站不只两座，可能有几座、十几座甚至几十座；配电线路多为双回线。所以，在一个城市配电网中会有多个中压通信网，且网络结构复杂。利用配电线路载波的一个好处是可以在 10 kV 线路的任何一处将柱上开关综合远动装置、变压器终端等设备入网。理论和实践表明，变电站的高压变压器和 10 kV 线路上支接的中压配电变压器的带通特性，能将载波信号限制在本 10 kV 中压系统中，向上不会影上一级高压系统的载波通信，向下也不会影响低压 220/380 V 系统中电压的波形。配电网调度所中的局域网、调度所与高压变电站之间的城域网不同，在该配电网综合自动化系统中有十几个独立的中压通信网与城域网相连。在该系统中，几乎所有的自动化功能都要通过中压通信网完成。中压通信网是该配电网综合自动化的核心。

低压通信网是该系统数据通信网的第四级。它以 220/380 V 配电线路作为载波通道，主要用于低压远程抄表和偷漏电监测。每个用户变压器的低压侧构成一个总线式低压通信网。

二、系统功能

（一）配电网自动化

配电网自动化是配电网综合自动化系统的最重要的子系统。它由配电调度所的调度控制计算机、变电站网关和柱上开关综合远动装置构成，信息在城域网、中压通信网和局域网中传输。调度控制计算机采用双机配置，互为备用，除实时控制外，还兼作计算机通信网络管理机。

配电网自动化系统实现如下功能。

1. 遥控柱上开关跳闸和合闸。调度员在配电网调度所通过鼠标操作：在大屏幕显示的模拟图上点取开关图形，调度控制计算机即将命令通过城域网发送至设在变电站的网关，再由网关进行通信协议转换并将信息转发到中压通信网，最后传送到柱上开关综合远动装置，发出跳闸或合闸命令，使开关动作。

2. 遥信和遥测。由柱上开关综合远动装置检测通过该断路器的电流及断路器的分合状态，并不断地将测得的信息通过中压通信网设在变电站的网关、城域网传送到配电网调度所。最后将配电网的运行结构和参数显示在调度所的屏幕显示器上。

3. 故障区段隔离。某段线路发生短路故障时配电网自动系统动作如下。

（1）变电站出线断路器速断或延时跳开。

（2）因变电站出线断路器跳开而失电，线路的柱上开关综合远动装置自动发出跳闸脉冲跳开它所控制的开关。

（3）变电站出线断路器自动重合。

（4）由调度人员投合有关的断路器，隔离故障，恢复供电。

由于柱上开关和变电站出线断路器的分合状态、重合闸动作等信号能够及时传到配电网调度所的调度控制计算机，并实时地显示在显示屏幕上，因此调度人员可以根据画面上显示的故障区段和重合闸情况，通过调度控制计算机遥控相应开关的分合来隔离故障，恢复非故障区段供电。

4. 继电保护和合闸监护。柱上开关综合远动装置具有短路保护功能，如果由它控制的柱上开关具有切断短路电流的能力，可以实现合闸监护。无论是隔离故障，还是因需要改变运行方式，在遥控闭合开关时，由配电网调度中心向柱上开关综合远动装置发令，使开关闭合。如果有故障、柱上开关综合远动装置的继电保护装置动作自动切除它控制的开关，而不跳开变电站的断路器。这对供电可靠性是很有好处的。

5. 单相接地区段判断。柱上开关综合远动装置会“感知”到单相接地故障，并自动对它所监控开关上通过的电流采样录波。配电网自动化系统将配电网中诸开关处的电流波形汇集到调度控制计算机。调度控制计算机通过分析、计算即可判断出接地的线路区段，并显示在大屏幕上，同时发出音响报警，通知检修人员处理。运行经验表明，配电网 90% 以上的故障是单相接地。本项功能能够有效地缩短查找接地点所需的时间并减轻劳动强度。

6. 越限报警。如果配电网出现电流越限，配电网调度中心的调度控制计算机的多媒体音响发出越限报警声音，大屏幕显示电流越限的线路及其通过的电流值闪烁。

7. 事故报警。配电网发生故障时，配电网调度中心的调度控制计算机的多媒体音响发出事故报警声音，大屏幕上故障线路段闪烁。

8. 操作记录。配电网中所有开关操作都自动记录在配电网调度中心（所）调度控制计算机的数据库中，可定时或根据需要打印报表。

9. 事故记录。事故报警和越限报警事件均按顺序记录在配电网调度控制计算机的数据库中，可定时或根据需要打印报表。

10. 配电网电压监控。监视配电网电压水平，通过遥控投切电力电容器，改变变压器分接头位置，控制配电网电压水平。

11. 配电网运行方式优化。改变配电网环网的开环运行点，调整线路负荷，使配电网的总网损最小。

12. 负荷控制。不仅能远方控制大用户负荷的切除和投入，而且也能对小用户的负荷进行控制。

（二）在线配电管理

由于中低压配电网中变电点、负荷点多，线路长且分布面广，设备的运行条件差，所以，中低压配电网的远动装置长期不能很好解决，加上中低压配电设备的运行状态多变，使调度所很难获得中低压配电网在线运行状态和参数，配电管理工作一直处于十分落后的状态。该系统较好地解决了配电网调度自动化的通信问题，加上多功能的柱上开关综合远动装置和变压器远动终端的成功应用，也为在线配电管理创造了条件。在线配电管理的功能如下。

1. 配电变压器远方数据采集。变压器终端采集电压、电流、有功、无功和电量，并具有平时累计、定时冻结、分时段和峰谷统计等功能，然后经中压通信网送到网关，再送到设在配电网调度所的配电管理计算机数据库中。

2. 网损分析统计。配电管理计算机对所有配电变压器的在线运行数据进行分析统计，计算整个城市配电网以及各子网和每条线路的网损等各种技术经济指标。

3. 在线地理信息系统。在屏幕上显示街区图和符合地理位置的配电线路和变压器符号，以及配电线、配电变压器的技术数据和投入运行的时间等技术管理资料，并可进行打印。

4. 在线进行系统变动设计。因为有在线地理信息系统，所以在进行已有设备更换和新增设备、用户时，可以在屏幕上进行研究和设计，并且在工程完成后及时修改在线地理信息，保证现场系统、设备的技术数据及地理位置与图纸资料一致。

（三）远程自动抄表和用电监测

1. 远程自动抄表。远程抄表终端经 220/380 V 低压载波数据通信网从用户电表探头处获得各用户电度表上的用电量，再经中压通信网、网关、城域网送入配电网调度所的用电管理机，最后由用电管理机建立用电数据库、进行统计分析、计算电费、打印结算清单。

2. 用电监测。该项功能对用户偷电（用电而电度表不走“字”或减“字”）、漏电（电度计量不准）进行监控。该系统通过广播对时能获得几乎同一时刻的配电变压器所送电量和用户用电电量，然后据此进行电量平衡检查，以发现偷电者和漏电者。

参考文献

[1] 朱永强，张旭 . 风电场电气系统 [M]. 北京：机械工业出版社，2019.
[2] 郭琳，胡斌，黄兴泉 . 发电厂电气设备 [M]. 北京：中国电力出版社，2019.
[3] 姚春球 . 发电厂电气部分 [M]. 北京：中国电力出版社，2019.
[4] 刘胜芬 . 发电厂电气部分 [M]. 重庆：重庆大学出版社，2019.
[5] 郑晓丹 . 发电厂电气部分 [M]. 北京：科学出版社，2019.
[6] 夏泉 . 地下变电站设计技术 [M]. 北京：中国电力出版社，2019.
[7] 唐顺志，向文彬，邓书蕾 . 电力工程 [M]. 北京：中国电力出版社，2019.
[8] 张莹，李永胜 . 工厂供配电技术 [M]. 北京：电子工业出版社，2019.
[9] 李辉 . 电气设备及运行 [M]. 北京：电子工业出版社，2019.
[10] 姚春球 . 发电厂电气部分 [M]. 北京：中国电力出版社，2019.
[11] 邱俊 . 工厂电气控制技术 [M]. 北京：中国水利水电出版社，2019.
[12] 郭新华 . 电力系统基础 [M]. 成都：电子科技大学出版社，2019.
[13] 马桂荣 . 工厂供配电技术 [M]. 北京：北京理工大学出版社，2019.
[14] 罗平，贾渭娟 . 供配电系统 [M]. 重庆：重庆大学出版社，2019.
[15] 王皓天，黄俊梅 . 电机与 PLC 控制技术 [M]. 西安：西安电子科技大学出版社，2019.
[16] 张雪君，吴娜 . 工厂供电 [M]. 北京：机械工业出版社，2019.
[17] 王燕锋，李润生 . 供配电技术及应用 [M]. 北京：电子工业出版社，2019.
[18] 杨武盖 . 配电网自动化技术 [M]. 北京：中国电力出版社，2019.
[19] 高胜友，王昌长，李福祺 . 电力设备的在线监测与故障诊断 [M]. 北京：清华大学出版社，2018.
[20] 王海波，王宏伟，崔海文 . 电力系统继电保护 [M]. 北京：中国电力出版社，2019.

[21] 张菁 . 电气工程基础 [M]. 西安：西安电子科技大学出版社 , 2017.
[22] 陈慈萱 . 电气工程基础 [M] . 北京：中国电力出版社 , 2013.
[23] 陈海平 . 热力发电厂 [M]. 北京：中国电力出版社 , 2018.
[24] 叶涛，张燕平 . 热力发电厂 [M]. 5 版 . 北京：中国电力出版社 , 2016.
[25] 宗士杰，黄梅 . 发电厂电气设备及运行 [M]. 3 版 . 北京：中国电力出版社 , 2016.
[26] 陈润颖，毛学锋 . 变电设备故障诊断及分析 [M]. 北京：中国电力出版社 , 2013.
[27] 罗朝祥，高虹亮 . 架空输电线路运行与检修 [M]. 北京：中国电力出版社 , 2017.